滚动轴承全生命周期健康管理技术

张天瑞　著

北　京
冶　金　工　业　出　版　社
2024

内 容 提 要

本书共6章，全面系统地介绍了滚动轴承全生命周期健康管理模式与体系结构、滚动轴承健康管理过程中的关键技术，以及信号处理与特征提取、故障诊断、健康状态评估与剩余寿命预测等应用方法。书中还运用智能算法与机器学习等方法进行了应用分析。

本书可供机械、材料、冶金等行业企业的工程技术人员及产品健康管理人员阅读，也可供高等院校理工类、经管类等研究产品全生命周期的师生参考。

图书在版编目(CIP)数据

滚动轴承全生命周期健康管理技术 / 张天瑞著 . 北京 ：冶金工业出版社，2024. 10. -- ISBN 978-7-5240-0008-2

Ⅰ. TH133. 33

中国国家版本馆 CIP 数据核字第 2024J4Q267 号

滚动轴承全生命周期健康管理技术

出版发行 冶金工业出版社 **电 话** (010)64027926
地 址 北京市东城区嵩祝院北巷 39 号 **邮 编** 100009
网 址 www. mip1953. com **电子信箱** service@ mip1953. com

责任编辑 高 娜 美术编辑 彭子赫 版式设计 郑小利
责任校对 李欣雨 责任印制 禹 蕊
唐山玺诚印务有限公司印刷
2024 年 10 月第 1 版，2024 年 10 月第 1 次印刷
710mm×1000mm 1/16；10. 75 印张；207 千字；160 页
定价 78. 00 元

投稿电话 (010)64027932 投稿信箱 tougao@cnmip. com. cn
营销中心电话 (010)64044283
冶金工业出版社天猫旗舰店 yjgycbs. tmall. com
(本书如有印装质量问题，本社营销中心负责退换)

前　言

在当今全球化、信息化的时代，制造业正经历着前所未有的变革和挑战。作为各类工业制造装备的关键零部件，滚动轴承的质量和可靠性直接影响着产品的性能和寿命，进而影响整个产业链的运作和竞争力。因此，滚动轴承的全生命周期健康管理技术显得尤为重要。

然而，滚动轴承的结构特征和工作环境等使其具有故障多发性的特点，传统的健康管理技术和服务方式越来越难以满足滚动轴承诊断维护的需求。因此，有效的轴承健康管理可以根据当前轴承的健康状态对其未来性能退化趋势做出合理的预测，使得维修人员能够根据轴承的实际情况，进行定期的维护，延长其使用寿命；同时当轴承发生故障时，可对故障类型进行精准判别，使得维修人员能够快速制定出维修或更换策略，缩短设备的停工时间，减小出现延期交货的可能性，最大限度地实现按时完成生产任务，提高生产效率，减少企业的经济损失。

健康管理是滚动轴承的一种新型维修与管理方式。通过感知并充分使用状态监测与监控信息，对滚动轴承的工作状态、可靠性、寿命和故障进行预测，融合维修、使用和环境信息，结合规范的装备管理方法和业务流程，对维修活动进行科学规划和合理优化，对影响滚动轴承健康状态和生命周期的技术、管理和人为因素进行全过程控制。其重要基础是轴承零件管理、状态监测、故障预测与健康管理。但是，有效的零部件故障预测与健康管理，不仅仅局限于状态监测和维修的范围，而是深入零部件的规范化、科学化和智能化管理之中，并且从传统的以“修”为主的思路转变到“修”“管”结合、重视“管理”

的思路上来。随着科学技术的快速发展，机械设备在功能和性能提高的同时，由于组成环节和影响因素的增加，设备“健康”问题越来越复杂，也带来了设备可靠性、安全性、可用性和经济性等方面的一系列难题。

因此，本书以滚动轴承为研究对象，探讨其故障预测与健康管理理论。重点论述其状态监测、故障预测、健康评估和系统体系结构等内容，以期达到提高设备任务成功率、降低维修保障费用、缩短维修任务周期等目标，推动设备健康管理理论在机械设备维修保障中的应用。

本书共6章。第1章在总结滚动轴承全生命周期、状态监测、故障诊断、健康管理等技术发展和国内外研究现状的基础上，分析了在滚动轴承全生命周期内进行健康管理的必要性及存在的问题等。第2章分析了健康管理服务模式的转变及健康管理在滚动轴承全生命周期中的角色，提出了基于全生命周期的滚动轴承健康管理理念对基于全生命周期的滚动轴承健康管理系统的体系结构，并进行了详细设计。第3章分析了滚动轴承的基本机理和健康管理所涉及的关键技术及算法，对滚动轴承的基本构造、失效类型、大数据理论、模式所采用的主要算法原理及试验仿真数据环境与来源进行了介绍。第4章针对滚动轴承的信号处理与特征提取过程进行分析，包括信号降噪处理技术、基于核主成分分析法等特征提取过程。第5章分析了滚动轴承的故障诊断模型构建方法，分析滚动轴承在运行过程中易造成的故障类型，并对支持向量机中的参数寻优过程进行改进与建模，最终搭建基于SSA-SVM、改进XGBoost和一维深度残差收缩网络的故障诊断模型，并基于试验数据进行仿真验证模型有效性。第6章在特征提取与故障诊断的基础上，以SVM和LSTM为依托，研究了健康管理中的健康状态评估与剩余寿命预测问题，对SVM中的相关语句参数、健康状态评价指标HI及故障报警阈值等进行了设置，进而利用自适应VMD-KPCA与

SSA-SVM 方法构建了滚动轴承的健康状态评估模型，并提出一种基于网格搜索的 RF-LSTM 融合型模型，解决了现有模型结构单一且预测精度低的问题，并基于试验数据进行仿真验证模型有效性。

本书在撰写过程中参考了大量文献资料，在此对文献作者表示深深的谢意。同时，对为本书撰写付出辛苦努力的周连弘、周福强、李金洋、曲胤熹等硕士生表示诚挚感谢！

鉴于作者知识水平有限，再加上滚动轴承健康管理理念不断发展变化，对它的认识和研究都还在继续深入，因此本书的叙述中难免出现疏漏和不妥之处，敬请读者批评指正。

作　者

2024 年 5 月

目　录

1　绪　　论

滚动轴承作为工业设备通用零部件中重要的零部件，被誉为“工业的关节”，在长时间的运行状态下，极易发生故障或损坏，其安全稳定运行是机械设备性能的重要保障。一旦机械设备在工作过程中发生故障或者健康状况欠佳，必将严重影响工作效率和企业效能。因此，为了降低故障产生安全隐患的可能性、提高生产的可靠性、缩短装备停机时间、减少维修维护费用、提升工作效率，滚动轴承的预测与健康管理（prognostic and health management，PHM）技术越来越被重视。滚动轴承作为机械设备与旋转机器中最精密的零件，其尺寸公差仅为其他零件的十分之一，由于装配不当和制造过程缺陷等，在实际服役过程中的滚动轴承只有不到20%能达到预期寿命。据统计：在电机传动系统故障中，轴承故障约占35%，定转子安装不对中约占20%，负载不平衡约占20%，底盘松动故障约占10%，PHM准确的预测可以为机械设备检修提供重要依据，并在此基础上准确定位、诊断并预测装备潜在故障或性能退化部位，及时进行必要的维修或替换，保证机械设备能够在预期寿命范围内完成特定功能，保障装备安全、可靠地运行。

1.1　滚动轴承健康管理技术研究的必要性

1.1.1　研究需求分析

滚动轴承在机械设备尤其是旋转机械设备中的应用中十分广泛，其安全状态关乎整体机组的稳定运行。滚动轴承由于应用的实际环境恶劣，经常发生磨损、锈蚀、胶合及断裂等各种故障，造成其成为机械设备中易受损的元器件之一，进而影响制造企业，甚至制造行业的蓬勃发展[1-3]。对于滚动轴承的健康管理，早已成为国内外众多学者持续关注的问题[4]。在《中华人民共和国国民经济和社会发展第十四个五年规划和2035年远景目标纲要》中，定义的着重发展领域和优先主题包括重大技术装备、智能制造与机器人技术、工业互联网、云计算等，装备制造业被视为制造业的“脊梁”，是推动未来产业创新发展的重要支撑[5]。这些关键领域的前沿技术和装备，大都需要质量好、可靠性高的轴承去支撑其运转。据不完全统计，应用在风力发电机器中的轴承有76%的概率会产生问题[6-7]。旋转机器无法运转，一半的原因是由轴承损坏造成的，其中44%的电机故障是由轴承失效导致的，除此之外，因轴承失效引发的齿轮箱故障大约占20%[8]。

1992年，日本某公司的一台发电机组由于轴承损坏以及运转速度降低，致使发电机强烈振动，直接导致设备报废，经济亏损多达50亿日元；2001年，国内一家钢铁厂因为轴承破损，生产线上的设备停产两天多，造成高达千万的直接经济损失[9]；2006年，河南安阳钢铁公司因为吐丝机上的轴承出现断裂，导致流水线停工进行检查维修；2014年，台橡实业有限公司由于超出轴承载荷范围，使得轴承内部润滑剂温度过高，引发巨大火灾，导致了极大的经济亏损[10]。2017年，大连石油化工有限公司原油泵中的轴承运转异常，造成原油泵发生剧烈振荡，致使油管产生多处裂痕，使得油料泄漏燃烧，造成巨大火灾，导致经济亏损高达90余万元[11]。

诸如以上因轴承故障不明或者没有及时排查轴承故障原因，以及没有及时对其进行维护而造成重大安全事故，产生巨大经济损失的案例还有很多。因此，为了保证机械设备能够正常平稳工作，就需要制定合理完善的滚动轴承健康管理策略，及时发现轴承早期故障，快速找出故障点，并及时确定轴承的健康状态是十分必要的。

1.1.2 研究意义分析

随着科学技术水平的不断提高以及经济的发展，世界各国智能制造在现代制造技术中的应用也越来越广泛。而机械设备作为制造领域不可或缺的重要部分，对机械设备的精度以及运行的稳定性要求也越来越高。而轴承作为众多旋转机械设备中的重要零件，其精密度、质量、可靠性、稳定性对于设备的平稳工作尤为重要。因此，对滚动轴承的全生命周期进行健康管理直接影响着设备平稳运行和使用寿命乃至整个制造系统的生产能力及运行效率。

针对当前机械设备运行中存在的各类故障及安全可靠性问题，国内外学者提出了PHM技术。它首先引入了这种新的综合技术，降低了机械设备维护费用，提高了管理水平。但是，随着PHM技术的逐步发展，有必要扩大其应用领域，使其在更多的学科和领域得到应用，推动科学技术的整体发展，而滚动轴承正需要这项技术。该技术的研究将推动整个制造行业进入新的发展空间，促进产业进步，降低企业成本，提升企业竞争力。

预测性维护是PHM中一种基于数据分析和机器学习的技术，预测性维护技术对企业的生产和经济效益具有重要意义。从经济效益的角度来看，有效的PHM可以通过对设备的传感器数据、运行状态和维护历史的分析来预测设备故障的可能性，使得维修人员能够根据滚动轴承的实际情况，进行定期的维护，延长其使用寿命；同时当滚动轴承发生故障时，对故障类型的精准判别，使得维修人员能够快速制定出维修或更换策略，缩短设备的停工时间，减小出现延期交货的可能性，最大限度地实现按时完成生产任务，提高生产效率，减少企业的经济损失。从系统安全的角度来看，一旦轴承或某一部件发生故障或损坏，轻则使设备或整个系统无法继续工作，重则将会出现安全问题，甚至会威胁到员工的人身安全。因此，有效的 PHM 可降低设备发生故障的可能性，消除设备存在的安全隐患，保障系统的平稳工作。

除此之外，滚动轴承故障诊断研究是设备健康管理领域的研究热点之一，快速、高效、准确地开展和实施与滚动轴承有关的研究，对于包含轴承的旋转设备等的长期、稳定运行和安全都具有理论意义[12]。滚动轴承故障诊断技术跨越多门学科，并与高新技术等密切相关，具有较强的工程适用性，开展轴承故障诊断的先进技术研究对生产经营等具有重大意义。

1.2 全生命周期概述

1.2.1 全生命周期管理的内涵

生命周期这一概念引入经济学、管理学理论中首先应用于产品，以后又扩展到企业和产业[13]。产品生命周期的概念最早由 Dean[14] 和 Levirt[15] 提出，目的是研究产品的市场战略。当时，对产品生命周期的划分也是按照产品在市场中的演化过程，分为推广、成长、成熟和衰亡阶段。到 20 世纪 80 年代，并行工程的提出，首次将产品生命周期的概念从经济管理领域扩展到了工程领域，将产品生命周期的范围从市场阶段扩展到了研制阶段，真正提出了覆盖从产品需求分析、概念设计、详细设计、制造、销售、售后服务直到产品报废回收全过程的产品生命周期的概念[16-17]。产品生命周期框图如图 1-1 所示。

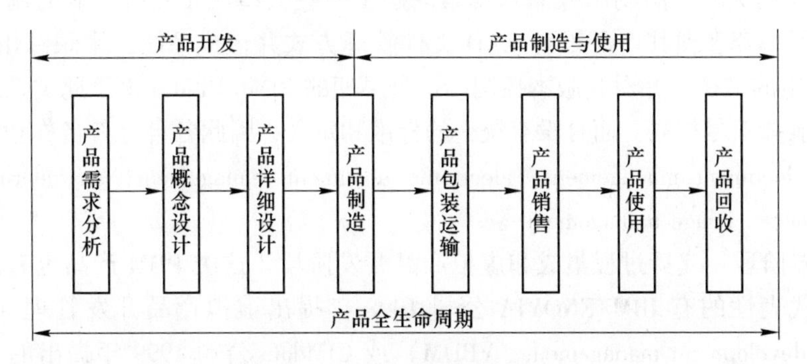

图 1-1 产品生命周期框图

尽管产品生命周期的概念已经存在几十年，但产品生命周期管理（product lifecycle management，PLM）则是近20年市场竞争和技术演化的结果，它包括技术和管理两个层面的内涵，其前身和核心技术是产品数据管理技术（product data management，PDM）。产品数据管理技术的雏形源于20世纪80年代中期，是从CAD/CAM和工程设计领域产生出来的。

由于PLM是一个发展很快的信息化领域，关于这方面的研究成果不多，且正从事这方面研究的一些的咨询公司、厂商彼此之间还有一些不同见解[18]。

（1）PLM行业顶级分析公司CIMdata的观点[19]认为：PLM是一种企业信息化的商业战略。它把人、过程和信息有效地集成在一起，作用于整个企业，遍历产品从概念到报废的全生命周期，支持与产品相关的协作研发、管理、分发和使用产品信息，为企业及其供应链组成产品信息框架。

（2）全球知名技术调查和咨询公司Aberdeen集团认为：PLM是覆盖了从产品诞生到消亡的生命周期全过程、开放、互操作的一整套应用方案。

（3）Collaborative Visions咨询公司[20]把PLM看作一种极具潜力的商业IT战略，它专注于解决企业如何在一个可持续发展基础上，开发和交付创新产品所关联的所有问题。

（4）AMR调研公司认为，PLM是把跨越业务流程和不同用户群体那些单点应用集成起来的一种技术辅助策略。

（5）IT服务公司EDS则把PLM看成以产品为核心的商业战略，应用一系列解决方案协同化地支持产品信息的生成、管理、分发和使用。

1.2.2 全生命周期管理的发展过程

PLM的演化主要经历了如下三个阶段[21]。

第一阶段：支持计算机辅助工具的信息集成和其文档管理阶段。为解决由CAD产生的大量产品制图存储和检索问题，一些大型汽车、航空业的制造商自行开发了一套管理其产品设计CAD文件管理方式并形成系统，来跟踪由CAD/CAM产生的文档，并对其版本控制。这是早期的PDM/PLM，由于此类系统的需求和功能都不尽相同，而且没有统一的标准和定义，因此各自有其名称和技术标准，如document management，electronic document management，engineering data management，image management等。

第二阶段：支持过程集成和虚拟产品开发阶段。这类PDM产品也有诸多新名称，代表性的有IBM/ENOVIA公司1998年提出虚拟产品开发管理（virtual product development management，VPDM）或CIMdata公司1999年提出的协同产品定义管理（collaborative product definition management，cPDM）。

第三阶段：支持企业间协同工作和全面的产品生命周期管理阶段。随着

Internet 技术的发展，以美国 PTC 公司和 AberdeenGroup 咨询公司为代表，1999 年提出了协同产品商务（collaborative product commerce，CPC）。强调以产品为核心，是一种企业全球化协作策略、Internet 技术和传统 PDM 结合。

而 PLM 整合了包括 CPC 在内的各种概念，用来描述企业及其伙伴间从上到下整个对其产品生命周期中的智力资产和信息各种相关活动进行管理的解决方案。整个 PLM 技术和思想发展过程如图 1-2 所示。

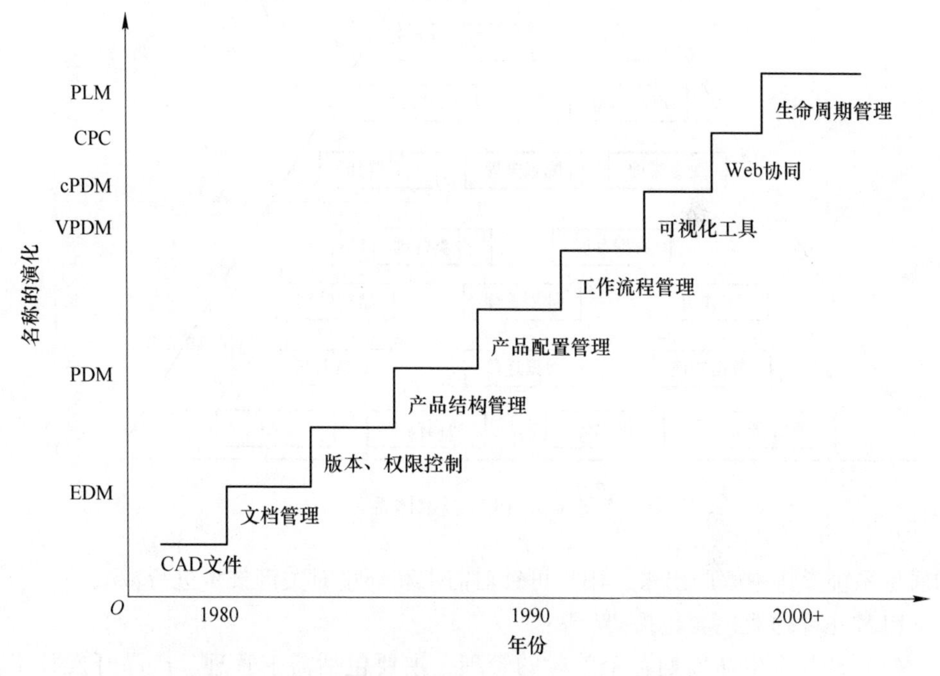

图 1-2 PLM 技术和思想发展过程示意图

1.2.3 全生命周期管理的主要研究内容

大量的研究和应用表明，发展到今天的 PLM 是一个企业级解决方案，不是一个单项技术或应用，而是一个技术和应用的复杂集合体。因此，PLM 系统必须具备一个完备的技术框架，来规范和描述 PLM 系统包含的组成元素，以及如何组织这些组成元素，以使它们作为一个整体运行，协同完成系统的各项功能。CIMdata 在广泛调研用户、方案提供商和大量研究、评估商业化 PLM 解决方案的基础上，总结出一个多层的 PLM 技术体系，如图 1-3 所示[22-24]。

该体系描述了 PLM 解决方案中基本组成元素及其关系，并根据不同的实现层次，将 PLM 组成元素分为关键技术、核心功能、特定应用和商业解决方案四个层次。PLM 关键技术直接与底层操作系统和运行环境打交道，将用户从复杂

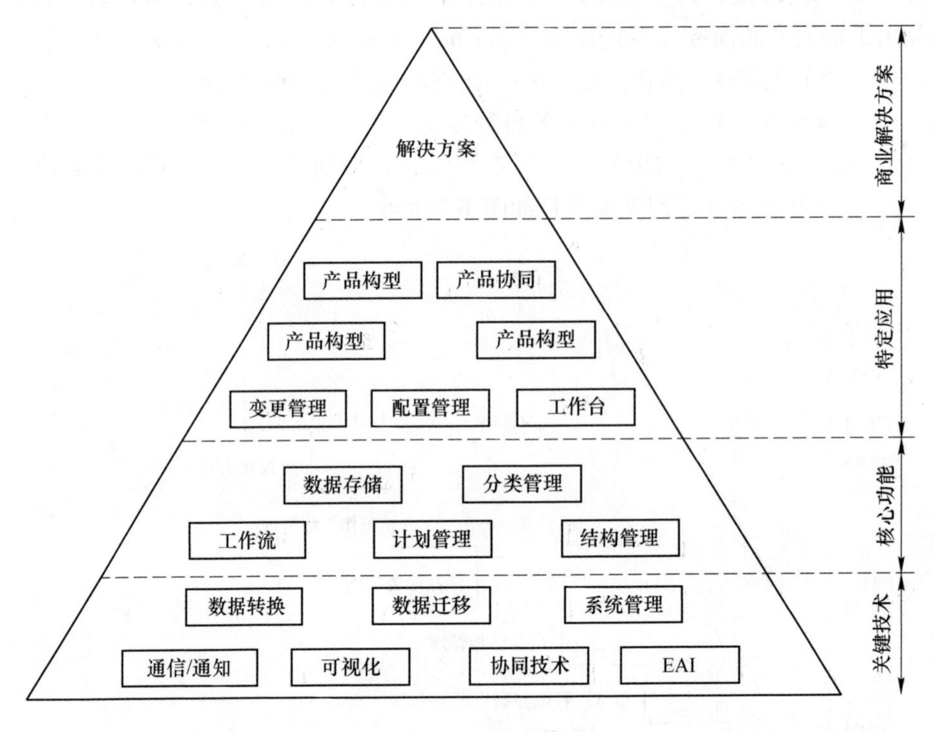

图 1-3 PLM 技术体系

的底层系统操作中解脱出来，用户可针对需求和环境对关键技术进行裁减。

PLM 主要研究内容包括[16, 25]：

(1) 产品全生命周期各个阶段的管理，主要包括需求管理、产品开发技术及管理、制造过程管理、产品回收管理。

(2) 贯穿产品全生命周期各个阶段的管理单元技术，包括质量管理、项目管理、数据管理、价值链管理。

(3) PLM 技术体系底层关键技术研究，包括产品信息建模技术、数据转化技术、数据迁移技术、系统集成技术、系统管理技术、通信/通知技术、可视化技术、协同技术、企业应用集成（enterprise application integration，EAI）。

1.3 机械设备健康管理的研究现状及发展趋势

1.3.1 机械设备健康管理的主要研究内容

机械设备的健康管理（mechanical equipment health management，MEHM）是与设备健康状态直接相关的管理活动，即了解机械设备及其组成部分的状态，在出现功能失灵时将其恢复到正常状态，而在系统故障后将安全风险和对任务的影响降到最低。健康管理以诊断、预测为主要手段，具有智能和自主的典型特征，必须建立在状态/信息感知、融合和辨识基础上，是以感知为中心的决策过程和执行过程[26-27]。

健康管理是一系列活动的有机构成，大致可以分为以下4类[27-28]：

（1）诊断和预测。诊断是发现设备系统的哪一部分工作不正常，以及不正常到何种程度；预测是确定情况将要发展的进程。

（2）缓解/减轻影响。缓解的实施建立在对故障影响评估的基础上，对设备健康状态的影响决定了平台资源重组/重构以及任务再计划的实际内容。

（3）修复。替换失效元件或是将故障单元恢复到正常状态。

（4）检验。确定修复已解决问题且没有潜在负面影响。

目前对MEHM还没有统一的定义，结合相关文献[26, 29]，做出如下定义：MEHM是在状态监测与故障诊断技术基础上演变而来的，通过整合设备管理规章制度和业务流程，并综合利用现代信息技术、人工智能技术、决策技术和优化技术的最新研究成果而提出的一种全新的机械设备健康管理解决方案；它紧密结合状态监测、故障诊断、健康评估、决策支持等信息，对涉及设备健康的因素进行全过程控制，对诊断、维护、决策等活动进行优化管理，从而提高设备系统的可用性和效能，减少维修人力和保障费用，使大型机械设备能够更好、安全、可靠、高效益地运转。从上述定义可看出MEHM具备如表1-1所示的内涵。

表1-1 MEHM具备的内涵

角度	内 涵
系统功能	监测、评估系统健康，检测故障、预报性能下降，评估任务能力、预报关键部件剩余可用寿命，通过实时/离线智能推理、信息融合给出决策建议，触发后勤保障系统产生高效的维护动作[26]
技术组成	传感器与数据采集、数据传输、数据预处理、状态监测、故障诊断/预诊断、决策支持、系统集成等技术
技术沿革	传统状态监测与故障诊断技术全面提高，集成了智能诊断/预测、评估、决策支持等，最终实现整个系统健康状态的全面管理
系统实现	物理上是功能分布和地域分布的，逻辑上划分为多个组织层次
系统效益	提高系统安全性、任务可靠性、降低生命周期成本，提高系统完好性
系统应用	遍及航空、航天、战车、舰船等军事领域，此外在能源、电力、桥梁、大型水坝等国民经济关键部门都有应用

1.3.2 机械设备维护方式的发展

设备维护方式的发展经历了三个阶段：在设备维修技术发展的早期，通常采用事后维修方式，即直到设备发生故障后才进行维修；为降低设备故障带来的风险，产生了定期预防维修方式，即综合设备自身的设计参数和使用维修的历史经验，制定一个合理的设备维修计划，定期对设备进行预防性保养维护；随着传感器技术、信号处理技术、计算机技术的发展，产生了一种全新的设备维修方式——基于状态的维修（condition-based maintenance，CBM），它通过对设备工作状态的实时监测，评估该设备当前的健康状况，预测其剩余工作寿命，对已发生或将要发生的设备故障提出诊断意见和分析依据，为设备操作与维护人员提供帮助[30]。

2001 年，由美国海军提供部分资助，由 Boeing、Caterpillar、Rockwell Automation、Rockwell Scientific Company 等联合组建了一个工业小组，从事 CBM 系统标准化研究，提出了基于状态维护的开放系统体系结构（open system architecture for condition-based maintenance，OSA-CBM），如图 1-4 所示。

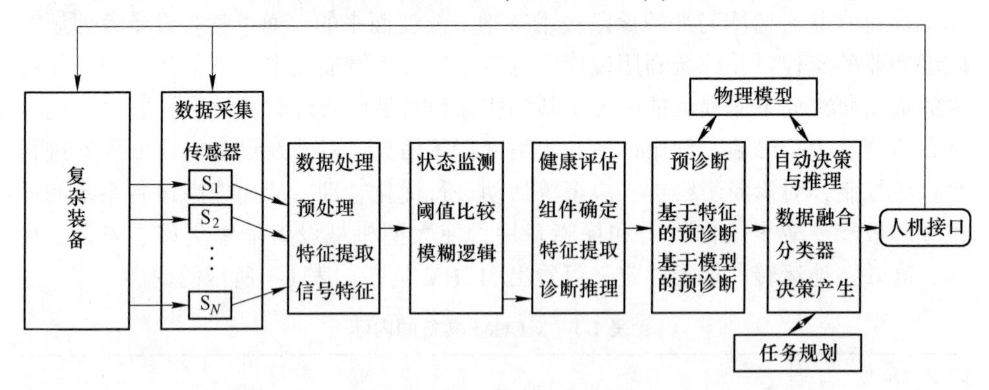

图 1-4 OSA-CBM 组成模块

该体系结构将监测与诊断分解为数据采集（data acquisition，DA）、数据处理（data manipulation，DM）、状态监测（condition monitoring，CM）、健康评估（health assessment，HA）、预诊断（prognostics）、决策支持（decision support）、表示层（presentation）7 个层次，定义了各层数据模型、功能模型与通信标准[31-32]，各层次作用和目的如表 1-2 所示。

表 1-2 OSA-CBM 组成模块的作用与目的

模块层次	作 用	目 的
数据采集层	用于采集现场设备上的实时数据	提供现场数据信息
数据处理层	用于完成单/多信道数据处理任务	对 DA 层的输出数据进行预处理
状态监测层	完成 DA、DM 层的输出数据与系统特征值、期望值或操作限值的比较	指示输出序列状态，完成简单的报警功能

续表 1-2

模块层次	作　用	目　的
健康评估层	用于对监测系统、子系统、组成部件的性能衰退进行评估	产生诊断记录，描述可能发生的故障和故障迹象
预诊断层	根据底层数据信息，得到设备当前性能状态，使故障状态得到相关的诊断	预测未来性能状态，推断设备剩余有效工作时间，估计未来使用情况
决策支持层	分析当前、历史及未来系统工作状态，高层单元对象和资源限制	提供与推荐相关的系统维护动作和指令
表示层	用于描述系统，典型高层状态（性能评估预诊断）和警告在这层的显示	根据用户需要向下进行多层访问，系统信息存取及人机接口的显示

通过对 OSA-CBM 各个功能模块进行分析可知：前 4 个层次的数据获取模块、数据处理模块、状态监视模块和健康评价模块的建立与运行都可以参照现有的相关标准，或依据现行的标准处理方法；而对于预测模块和决策支持模块，目前尚无统一的标准或是成熟的处理方法。因此，研究通用的设备健康预测与维修决策支持方法将是 CBM 未来发展的一个重点[33]。

1.3.3 机械设备健康管理的主要技术

1.3.3.1 传感器和数据采集技术

数据采集是采集现场设备上的必要数据，为数据处理提供基础。传感器应用是数据采集中的一个关键环节。传感器是能够感受规定的被测量并按一定规律转换成可用输出信号的器件或装置的总称。

美、日、英、法、德等技术发达国家都把传感器技术列为国家重点开发关键技术之一。截至 2023 年，世界上从事传感器研制生产单位已超过 7000 家，品种多达上万种。从 1980 年到 2000 年，传感器技术发展迅猛，进入 21 世纪，更是进入了急速发展的黄金时代。

综合国内外相关文献[34-43]，可以看出，传感技术大体可分 3 代：

第 1 代是结构型传感器，它利用结构参量变化来感受和转化信号；第 2 代传感器是 20 世纪 70 年代开始发展起来的固体传感器，这种传感器由半导体、电介质、磁性材料等固体元件构成，利用材料某些特性制成；第 3 代传感器是 20 世纪 80 年代刚刚发展起来的智能传感器，其对外界信息具有一定检测、自诊断、数据处理及自适应能力，是微型计算机技术与检测技术相结合的产物。

1.3.3.2 数据传输技术

数据传输是指数据源与数据宿之间通过一个或多个数据信道或链路、共同遵循一个通信协议而进行传输数据的过程，也称数据通信。数据传输是机械设备健康管理系统里一个重要步骤，决定了 MEHM 系统是本地还是远程实现。

1.3.3.3 数据预处理技术

数据预处理是设备健康管理的一个重要环节，包括数据清理、数据集成与融合、数据变换、数据归约[44-48]。数据清理是处理数据中的遗漏和清洗脏数据；数据融合将多数据源中的数据进行合并处理，解决语义模型并整合成一致的数据存储，常见的数据融合方法见表 1-3；数据归约将辨别出需要挖掘的数据集合，缩小处理范围。常见的数据变换和数据归约的主要方法见表 1-4 和表 1-5。

表 1-3 常见的数据融合方法

数据融合方法分类	具体方法
静态的融合方法	贝叶斯估值，加权最小平方等
动态的融合方法	递归加权最小平方，卡尔曼滤波小波变换的分布式滤波等
基于统计的融合方法	马尔可夫随机场、最大似然法、贝叶斯估值等
信息论算法	聚集分析、自适应神经网络、表决逻辑、信息熵等
模糊集理论/灰色理论	灰色关联分析、灰色聚类等

表 1-4 常见的数据变换方法

数据变换方法分类	作用
数据平滑	去噪，将连续数据离散化，增加粒度
数据聚集	对数据进行汇总
数据概化	减少数据复杂度，用高层概念替换
数据规范化	使数据按比例缩放，落入特定区域
属性构造	构造出新的属性

表 1-5 常见的数据规约方法

数据规约方法分类	具体方法
数据立方体聚集	数据立方体聚集等
维规约	属性子集选择方法等
数据压缩	小波变换、主成分分析、分形技术等
数值压缩	回归、直方图、聚类等
离散化和概念分层	分箱技术、直方图、基于熵的离散化等

1.3.3.4 状态监测技术

状态监测（condition monitoring，CM）利用设备在需要维护之前存在一个使用寿命的这种特点，充分利用整个设备或者设备的某些重要部件的寿命特征，开发应用一些具有特殊用途的设备，并通过数据采集及数据分析来预测设备状态发展的趋势。在国际上，状态监测已成为非破坏性检测（nondestructive testing，NDT）下属的一个活跃的新分支，常用的状态监测方法见表1-6[49-55]。

表1-6 常见的状态监测方法

状态监测技术类型	具体监测方法
振动信号监测技术	谱分析、倒谱分析、包络线分析、时间波形分析等
声信号监测技术	噪声检测、超声波监测和声发射检测
声波信号监测技术	声音监听法、频谱分析法、声强法及表面声速测量法
油液分析技术	污染度测试、理化分析技术、光谱分析技术、红外光谱分析、铁谱分析技术
温度信号监测技术	物体温度直接测量技术和热红外分析技术
其他无损检测技术	超声波探伤、射线探伤、磁力探伤、涡流探伤、渗透探伤、光学显微镜分析、光纤内窥镜、声发射检测、激光全息检测等

自“第三次科技革命”以来，设备监测诊断模式随着检测技术和手段的进步，尤其是计算机和网络技术的发展，已发生了本质的变化，大致可以分为3个阶段：

（1）第一代的单机监测诊断模式（SMDS）。即“点—点”的诊断模式，对每一台机器由一个监测系统来控制，它是一个封闭的系统，信息只在系统内部交流和处理，缺点是每个系统的工作效率低，浪费了大量的人力、物力。

（2）第二代的分布式监测诊断模式（DMDS）。通过工业局域网将各个监测现场的本地计算机互联起来，实现资源共享、分散监控和集中操作、管理、诊断，提高了系统工作效率，资源共享减少了人力、物力的浪费，它是一个相对开放的系统。但是这种模式的缺点在于它只存在于局域网内，不同的工厂需要建立各自的监测诊断局域网，造成重复建设。

（3）第三代的远程监测诊断模式（RMDS）。进入20世纪90年代后，出现了远程监测诊断模式。它将监测诊断现场和诊断中心由网络联系起来，监测现场通过网络向诊断中心发出请求，诊断中心根据不同的请求做出响应。将管理部门、监测现场、诊断专家、设备厂商联系起来，形成一个真正开放的系统。

1.3.3.5 故障诊断与预测技术

按照国际故障诊断权威P. M. Frank教授的观点[56]，故障诊断（fault diagnosis）方法可以划分为：基于信号处理的方法、基于解析模型的方法和基于知识的方法。当被诊断系统可以建立较为精确的数学模型时，基于解析模型的故障诊断方法可以最佳地完成故障诊断任务，而当被诊断系统难以建立精确数学模型但其输入输出可以被测，可以采用基于信号的故障诊断方法。当系统的定量模型也难以建立时采用基于知识的故障诊断方法。具体方法见表 1-7[57-70]。

表 1-7 常见的故障诊断方法

故障诊断方法分类	具体诊断方法
基于解析模型的方法	参数估计法、状态估计法及等价空间法
基于信号处理的方法	利用 Kullback 信息准则检测故障方法、基于小波变换及经验模态分解方法的故障诊断方法、谱分析法、概率密度法等
基于知识的故障诊断方法	基于故障树的诊断方法、基于模糊理论的诊断方法、基于专家系统的故障诊断方法、基于神经网络的诊断方法、基于灰色理论的诊断方法、基于传统人工智能的融合技术的诊断方法、基于核方法的故障诊断方法

真正科学意义上的预测或称为基于数学模型的预测始于 1927 年，Yule 和 Slutsky 分别提出了自回归（AR）模型和滑动平均（MA）模型，1933 年 Kolmogorov 提出了基于概率的随机过程和估计理论，他们的工作为预测技术的研究和发展奠定了理论基础。目前，常用的预测方法主要包括以下 8 种。

（1）定性预测法，包括德尔菲法、主观概率法、评判意见法和相互影响分析法；

（2）回归预测法，分为线性回归预测法和非线性回归预测法；

（3）时间序列分析预测法，分为时间序列分解法和趋势外推法；

（4）时间序列平滑预测法；

（5）博克斯-詹金斯（Box-Jenkins）法；

（6）灰色预测法；

（7）神经网络预测法；

（8）模糊预测法，包括模糊推理预测、模糊回归预测、模糊时间序列预测和模糊聚类分析预测等。

1.3.3.6 决策支持系统

1971 年，Gorry 和 Scott Morton 在论文“管理信息系统的结构”中第一次提出决策支持系统（decision support system，DSS）这一术语[71]。1978 年，Scott Morton 和 Keen 在第一本关于 DSS 的书《决策支持系统：组织管理的前景》中首次把 DSS 定义为“辅助管理者对半结构化问题的决策过程，支持（support）而不是代替管理者的判断，提高决策的有效性（effectiveness）而不是效率（efficiency）的计算机应用系统”[72]。自 DSS 这一概念出现至今五十多年，目前比较广泛接受的 DSS 概念是“支持半结构化和非结构化决策，允许决策者直接干预并接受决策者的直观判断和经验的动态交互式计算机系统”。DSS 结构也从原来的二库系统发展到现在的五库系统。从目前的情况分析[73-80]，新一代 DSS 主要向以下几个方向发展：群决策支持系统（GDSS），分布式决策支持系统

(DDSS)，智能决策支持系统（IDSS)，决策支持中心（DSC）等。

1.3.3.7 系统集成技术

按照系统论的观点，系统是由相互联系、相互作用的若干要素构成的有特定功能的统一整体，系统要素（或子系统）间的关系不是简单组合或叠加，而是相互作用和联系，通过“集成”构成系统[81-85]。所集成的内容涉及两方面：一方面是硬件集成，另一方面是软件集成，其中软件集成是系统集成的核心内容。系统集成需要解决跨平台、跨语言、跨操作系统、跨协议、跨版本等5个主要问题。

1.4 滚动轴承健康管理的研究现状与发展趋势

随着智能制造技术的不断发展，传统的旋转设备已经难以满足高强度的现代化工业生产需求，在这种大环境下，结构更加复杂、加工更加精密的设备也就顺势而生。传统的状态监测方法大多依赖人工经验，并且对专业知识和技术的要求很高，为了更简便、及时和准确地对旋转机械运行状态进行监测，其关键部件“滚动轴承”的健康管理也逐渐向人工智能方向发展。

1.4.1 滚动轴承健康管理的主要研究内容

PHM是当今国内外学者重点关注的热门工程技术学科，旨在为用户提供一种某一零件或某一设备甚至某一系统从投入运行开始，直到损坏无法工作为止的全生命周期健康管理技术[86]。早期的健康管理主要利用专业人士深厚的经验和专业化知识的储备来对其运行状态进行判断，并制定出合理的维修或更换策略[87]。这种方法对专业化的要求太高，而且无法做到对故障原因及健康状态非常准确的判断和预测。而随着智能化、现代信息化的不停发展以及计算机技术的不断进步，数据驱动和智能算法相结合的技术开始广泛应用于健康管理领域，并取得了大量的成果，对于设备的健康管理和维护不再受专业知识和经验的阻止，并且诊断和预测的准确率也大幅度提高，极大地降低了设备维护成本，减少企业经济损失，增加企业经济收益，最大程度地保障了设备的稳定性与安全性。其中的研究重点为故障诊断、健康状态评估。

1.4.1.1 故障诊断研究现状

2016年，Dou D等[88]利用概率神经网络（probabilistic neural networks，PNN）构建故障诊断模型，将对冲击性敏感的时频域特征作为模型的特征集，提高了对单一故障分类的效率。2017年，Viet等[89]通过卷积神经网络（convolutional neural networks，CNN）基于随机对角线算法进行训练，实现了故障判断方面的优异效果。2017年，王前等[90]针对振动传感器安装难、传统模型训练时间长等问题，利用声音传感器收集轴承运转时的声音信号，接着提炼其中的梅尔倒谱系数（Mel-frequency cepstral coefficients，MFCC）特性，最终，将MFCC特性输送至主成分分析模型（principal component analysis，PCA）中完成故障划分。

2018年，Li等[91]提出了一种基于振动信号提取多尺度熵特征，最后用优化的SVM模型诊断出轴承的故障缺陷。2018年，夏裕彬等[92]设计了一种基于多元信息融合的轴承故障监测系统，并将马尔科夫模型（Markov model）融入其中，实现了不同故障状态的识别。2019年，Keheng Zhu等[93]通过计算模糊测度熵（fuzzy measure entropy，FMEn）在不同尺度下的数值，利用多尺度模糊测度熵（multi-scale fuzzy measure Entropy，MFME）、无限功能选择（infinite feature selection，Inf-FS）与SVM，提出了一种滚动轴承故障判别策略。

2020年，朱哈娜等[94]针对VMD存在的端点效应及SVM的参数取值问题，提出了利用镜像延拓方法优化后的VMD进行振动信号的分解，然后利用网格搜索算法（grid search，GS）实现对SVM的参数优化的轴承故障诊断策略。2020年，李益兵等[95]对于CNN训练频率高、网络结构明确困难等劣势，建立了混合蛙跳算法（shuffled frog leaping algorithm，SFLA）优化CNN算法的模型用于实现轴承的故障判别。2021年，刘立等[96]设计了利用一维CNN的联合特性提炼策略，用来处理滚动轴承健康监控及故障判别问题，该策略适用范围包括不同机械设备的故障分析。2021年，陈功胜等[97]针对一维CNN在进行时域信号处理时特征丧失的问题，提出了一种将二维CNN与极限树回归（extreme trees regression，ETR）相融合的轴承故障诊断策略，以实现轴承故障的自适应判断。2021年，王椿晶等[98]首先通过VMD分解故障信号以提取样本熵，接着通过布谷鸟算法（cuckoo search，CS）优化极限学习机（extreme learning machine，ELM）的输入层与隐含层，实现了故障类型的精确判别。2022年，刘会芸等[99]为降低滚动轴承特征维数，利用自动编码器进行降维，最后运用反向传播神经网络（back propagation neural network，BPNN）提高了故障诊断准确率。2022年，Qin B等[100]针对识别模型数据质量差、结构参数难以选取的问题，通过相关能量波动系数对学习样本进行筛选，利用改进的粒子群算法（improved particle swarm optimization，IPSO）对深度信念网络（deep belief network，DBN）各隐藏层节点数进行优化，提高了轴承状态识别精度。

1.4.1.2　健康状态评估研究现状

2017年，Baoxiang Wang等[101]针对输入函数对预测模型性能的影响，提出了将典型变量分析（canonical variate analysis，CVA）和支持向量数据描述（support vector data description，SVDD）相融合的策略，削减了输入数据对轴承性能衰退预测的不利影响。2017年，周建民等[102]为了实现对轴承性能退化指标的线上监测，得到性能衰退发展趋势，提出基于局部线性嵌入（locally linear embedding，LLE）和模糊 C 均值（fuzzy C-means，FCM）的轴承性能状态在线评估策略，利用实例证明了策略的优势所在。2018 年，Li 等[103]实现了优化隐马尔可夫模型（hidden Markov model，HMM）与自组织映射（self-organizing maps，SOM）相结合的判断轴承故障及监控策略。2018 年，胡姚刚等[104]为解决风电机组特征量多、相互关系模糊健康状况评估困难等问题，提出了可综合考虑各评估指标状况信息的多类型证据集合的风电机组健康状态评估方式。

2019 年，杨艳君等[105]设计了局部均值分解（local mean decomposition，LMD）与拥有故障样本的 SVDD 相融合的轴承故障状态判别方法，提高了轴承健康状况分类精确度。2020 年，尹爱军等[106]设计了一种针对高熵特征数据的变分自编码器，改善了基于数据驱动的健康评估模型泛化能力差、特征信息丢失大等现象。2021 年，王昊等[107]针对传统轴承健康评估方法中过于依靠人工经验和普适性差的问题，提出了一种结合堆叠降噪自动编码器（stacked denoising auto encoder，SDAE）和强化学习（deep Q-network，DQN）的模型，来优化轴承健康状况评估的训练方法。2021 年，胡启国等[108]提出了一种基于 t-SNE（t-distribution stochastic neighbor embedding，t-SNE）和核马氏距离（kernel Mahalanobis distance，KMD）的轴承健康状况评估策略，使性能衰退特征的筛选和健康指标的构建更加容易。2022 年，王冉等[109]为提高原有评价指标的敏感性和鲁棒性，利用经验模态分解（empirical mode decomposition，EMD）、多尺度威布尔分布及 HMM 建立性能退化评估模型，该模型具有良好的稳定性，可快速发现轴承早期故障。2022 年，廖爱华等[110]针对轨道车辆轴承退化程度评估不准确，利用 PSO 算法、反向指数的鲸鱼算法（opposition and exponential whale optimization algorithm，OEWOA）与多核支持向量数据描述（multi kernel support vector data description，MKSVDD）相融合，根据轴承全寿命数据验证了融合模型的高效性。

1.4.2 滚动轴承健康管理的主要研究方法

系统健康状态的诊断、评价与预测融合了多个学科，不仅具备深厚的理论支撑，更具有实际应用价值。在早期阶段，对设备健康状态的评价方法相对简单和有限，主要依赖于专家或技术人员的直观判断和经验积累。通常只能对设备的运行状况进行简单的分类，即正常或故障两种状态。然而，随着系统功能和结构复杂性的不断攀升，这种简单的评价方式已经难以适应实际系统的多元化需求。

目前，对设备状态的实时监测与退化性能评估的研究已经变得尤为广泛和深入。因此，不断深入研究更为精准有效的 PHM 技术是设备管理与预维护人员不断探索的问题。目前，PHM 的常用方法主要有三种：基于物理模型的方法、基于模型驱动的方法和基于数据驱动的方法。

1.4.2.1 基于物理模型的方法

首先对设备进行详尽的动态特性分析，同时密切监测并采集传感器的数据。通过该方法，能够准确诊断设备的运行状态，并进一步预测其剩余寿命。然后根据所获得的状态监测信息，对当前的系统健康状态进行评估，并据此对维护操作进行实时更新，以确保制定出最优的维修策略。Elwany 等[111]提出一种基于低层感知信号和高层决策模型的感知流数学模型，并将低层感知信号与高层决策模型进行融合，实现了最优维护。Fan 等[112]提出了一种基于退化路径模型的驱动方法，该方法不仅提供了更为丰富的可靠度信息，涵盖了平均失效时间、置信区间及可信度函数等多个方面，而且还显著提升了预测的精准度。Wang 等[113]针对单产品可靠性评估中存在的问题，提出了一种基于损伤测量退化数据的实时可靠性评价方法。在此基础上，进一步运用贝叶斯方法，有效融合了产品的先验信息与在线退化数据，从而实现了对实时可靠度的精准评估。Fackler 等[114]主要聚焦于小样本多层次案例的贝叶斯方法研究，利用生产部件及其相关的多样化信息，从而实现对系统可靠度的精准评估。Li 等[115]应用贝叶斯方法，将先验知识与实际获得的数据结合起来，通过这一方法，成功地推导出了子系统各分量的后验分布，并将其作为全功能系统的先验分布，为后续的可靠性评估奠定了坚实的基础。为了进一步提升评估的准确性和效率，将相关的子系统集成到了一个专家系统中，该系统适用于测试数据有限、开发实验涉及多个子系统的复杂场景。白灿等[116]基于 Wiener 过程，提出了非线性装备 RUL 预测方法，该方法充分考虑了随机冲击对装备寿命的影响。通过深入分析和推导，求解出了 RUL 的概率密度函数及其近似解，不仅提高了预测的准确性，还显著降低了计算时间，同时还提出了基于期望最大法的参数估计方法。Khatab 等[117]针对具有随机退化特性的单台设备生产系统，研究了生产质量与状态维修集成的优化问题，建立最优检测周期与最优降级阈值。

1.4.2.2 基于模型驱动的方法

模型驱动方法是在假定数据与退化模型之间存在特定已知关联性的基础上，对设备实施 PHM。在研究应用中，隐马尔可夫模型（hidden Markov model, HMM）的方法得到了广泛使用，尤其是数据可以直接反映设备实际退化状态时，或者当退化状态难以直接观测时，HMM 因其独特的优势而被广泛使用。Tian 等[118]结合了最小二乘支持向量机（SVM）与 HMM，更精准地预测了轴承的 RUL。通过信号分析，提取出特征分量，进而利用这些分量对 HMM 模型进行离线和在线训练，该方法融合了两种模型的优点，为轴承的 RUL 预测提供了新的思路。Rustamov 等[119]将多种 ANFIS 和 HMM 模型相结合用于状态识别。董向锦[120]提出了一种轴承健康状态评估方法，将自适应模态分解与马田系统有机结合，进一步引入反正切函数构建健康指数，显著提升了滚动轴承健康状态评估的精度和可靠性。张锐[121]开展基于时频图像处理与长短期时记忆网络相结合的轴承运行维修 PHM 研究，实现了有限数量的测量数据对轴承寿命的预测。

1.4.2.3 基于数据驱动的方法

数据驱动方法是一种利用传感器收集到的机械设备运行数据来进行 PHM 的方法，通过对采集到的数据间的关联性进行深入分析，能够揭示设备的运行特征及未来趋势，进而实现设备的故障诊断、健康状态评估及 RUL 预测。其中，滤波法、专家系统法、神经网络法等是最常用的方法。人工神经网络[122-123]等方法将退化数据转化为离散时间序列，通过分析数据中的退化特征及先验知识，建立基于特征值首次达到失效阈值的设备 RUL 预测方法。在人工神经网络的应用中，常采用多种方法来进行数据处理和预测，包括：(1) 时间序列分析技术[124]，能够处理具有时间顺序的数据，支持向量机模型[125]，通过构建高维空间中的超平面来实现分类或回归任务；(2) 随机效应回归，考虑了数据中的随机变动因素，提高了预测的稳健性；(3) 灰色模型[126]，适用于处理不完全或不确定的信息；(4) 组合预测模型[127]，通过集成多个预测模型的结果，提高了预测的精度和稳定性。胡友涛等[128]利用小波支持向量回归机对性能退化数据进行标准化处理，以增强数据的一致性和可比性，运用模糊 C 均值聚类方法，构建出每个聚类中心的退化轨迹模型，从而描述设备的性能退化过程，针对检测数据是否规范化的问题，提出了隶属度加权法和误差加权法。针对故障发生过程存在不确定性的问题，Hao 等[129]采用马尔可夫链蒙特卡罗方法对系统参数进行估计，并利用贝叶斯理论对系统参数进行迭代修正，从而实现了系统的实时可靠性评估。韩佳佳等[130]为解决 SVM 在采油机故障诊断中存在的不足，提出一种基于 SVM 的柴油多缸失火故障诊断方法，该方法在处理复杂的非线性装备性能退化问题上具有很好的效果。虽然这些方法在预测和诊断中表现出色，但通常需要大量的数据来训练模型，这在实际应用中可能会受到限制，特别是在面临数据缺失或存在离群点的情况下，预测模型的准确性和稳定性可能会受到影响。因此，研究者们针对这些情况对模型进行改进，并利用智能算法对模型进行优化，以提高其适应性和鲁棒性。针对传统数据融合与 RUL 预测方法存在的灵活性不足、难以处理多传感器数据间高度非线性关系，以及未能充分利用已有观测数据来精确获取退化轨迹的问题，Gao 等[131]建立一种多传感器数据联合预测模型，构建贝叶斯线性模型，并采用人工神经网络建模对 RUL 进行预测。李玲玲[132]提出一种基于改进的 D-cov AE 和 GAU 的 RUL 预测方法，改进后的模型比传统方法构建的模型具有更强的预测能力。Xiao 等[133]针对轴承状态监测特征提取中不同特征的控制策略问题，提出一种双注意力机制和 BiLSTM 的风电机组轴承状态监测方法，实现了不同输入参数重要特性的提取。

1.4.3 滚动轴承健康管理存在的问题和发展趋势

1.4.3.1 滚动轴承健康管理存在的问题

从滚动轴承健康管理研究现状可以发现，虽然对故障诊断理论的研究取得很大进展，但是目前为止还没有一套完整的理论体系，更没有适用于滚动轴承的故障诊断系统。目前滚动轴承健康管理还存在以下问题：

(1) 基于物理模型的方法和基于模型驱动的方法因应用范围受到限制和模型准确性较低等因素，在应用过程中常出现监测难度大和建立模型时间长等问题，且难以进一步提高。

(2) 实际工程中，设备工作环境复杂多变，常规物理模型不能很好地匹配现实，存在客观不确定因素，导致预测精度不高。

(3) 系统通常由多个部件组成，一些关键部件的微小退化都可能严重影响系统的性能。因此，系统的故障模型不能简单地归结为多个部件的组合故障模型，须对其进行全面的分析。

(4) 尽管基于数据驱动的 PHM 方法具有诸多优势，但它并非在所有情况下都适用。特别是当模型规模过大时，所需的数据量也相应增加，这在实际应用中增加了一定的难度。因此，对各种预测模型进行评估至关重要，通过构建不同的评价系统，全面评价各模型的优劣，并根据具体模型调整网络参数，以优化预测效果。

1.4.3.2 滚动轴承健康管理的发展趋势

滚动轴承的特点与它特殊的工作环境都决定了开发其健康管理集成系统成为必然趋势。一般的故障诊断系统已经不能满足滚动轴承维护所需，智能诊断系统和网上诊断系统将会逐步取代一般诊断系统，为滚动轴承提供更为便捷可靠服务。

(1) 智能化。人工智能和专家系统技术已经成为重要的 DSS 工具，AI/ES 和 DSS 相结合成为智能决策支持系统（DISS）不但提高了系统的可操作性，而且使系统更加人性化。

(2) 多功能化。目前的系统功能单一，不能满足复杂设备的需求，多功能化的系统不但适应市场需求同时还能降低成本，有很好的市场前景。

2　滚动轴承全生命周期健康管理模式与体系结构

作为通用零部件典型代表之一的滚动轴承，结构复杂，组成构件繁多，并且工作环境恶劣，工作过程中存在众多不确定因素，时刻可能出现部件或整个系统的故障，降低整个系统的运作效率，进而提高了制造成本。因此，有必要对滚动轴承进行实时监测，预测设备的运行状态，及时发现和解决设备出现的故障，这也是要对滚动轴承建立健康管理体系的必要性所在。

而目前通用零部件健康管理系统最突出的问题集中在管理知识匮乏、内容不全面、系统应用跟不上设备使用维护需求。产生上述问题的主要根源在于人们把设备的健康管理孤立于其生命周期之外，使得设计制造和使用维护等阶段的健康管理知识没有互相流通，而设备失效原因主要有三方面：设备设计上的缺陷、设备使用时维护不当、设备的自然损耗和老化[134]。因此有必要从设备的设计、使用和维护上着手，建立面向其生命周期的健康管理系统，将网络与通信技术、健康管理技术结合起来，使健康管理知识贯穿装备生命周期的各个环节，进而实现在短时间内调动状态监测、健康评估、故障诊断、预测和技术服务等。

2.1　全生命周期的健康管理模式研究

2.1.1　全生命周期的基本理论

对于滚动轴承全生命周期的具体内涵与过程，可以分为设计、制造、安装、运行和维护共 5 个阶段。

（1）设计阶段。在设计滚动轴承时，需要考虑到承载能力、转速、工作环境等因素，以确保轴承能够满足机械设备的需求。设计阶段需要精确计算轴承的尺寸、结构和材料，以确保轴承能够承受各种工况下的载荷和振动。设计阶段的质量直接影响着轴承的性能和寿命。

（2）制造阶段。在制造滚动轴承时，需要严格按照设计要求进行生产，确保轴承的精度和质量。制造过程中需要采用先进的生产设备和工艺，确保轴承的尺寸、表面光洁度和材料质量符合标准要求。制造阶段的质量控制是确保轴承性能稳定的关键。

（3）安装阶段。在安装滚动轴承时，需要注意轴承的安装位置、轴向间隙、润滑方式等因素，以确保轴承能够正常运转。安装过程中需要避免轴承受到外部冲击和振动，确保轴承的稳定性和可靠性。安装阶段的质量直接影响着轴承的运行效果。

（4）运行阶段。在运行滚动轴承时，需要定期检查轴承的运行状态，包括温度、振动、噪声等指标，以及润滑情况。及时发现并解决轴承运行中的问题，可以延长轴承的使用寿命，减少故障率。运行阶段的质量控制是确保轴承长期稳定运行的关键。

（5）维护阶段。在维护滚动轴承时，需要定期更换润滑油、清洁轴承表面、检查轴承密封等，以确保轴承的正常运转。及时维护可以延长轴承的使用寿命，减少故障率，保证机械设备的正常运行。维护阶段的质量控制是确保轴承长期稳定运行的关键。

滚动轴承的全生命周期的5个阶段，每个阶段都至关重要，影响着轴承的性能和寿命。只有在每个阶段都严格控制质量，才能确保轴承长期稳定运行，为机械设备的正常运转提供可靠的支持。

2.1.2 全生命周期的设备健康管理模式研究

2.1.2.1 全生命周期健康管理模式的转变

现代大型机械设备呈现出光、机、电、液、仪、计算机一体化的趋势，其功能和结构越来越复杂，自动化程度也越来越高。在这种趋势下，设备的使用和维护管理经常表现为：设备操作人员不断减少，而维修人员保持不变或不断增加；操作的技术含量逐渐下降，而维修的技术含量不断增加，如图2-1所示。

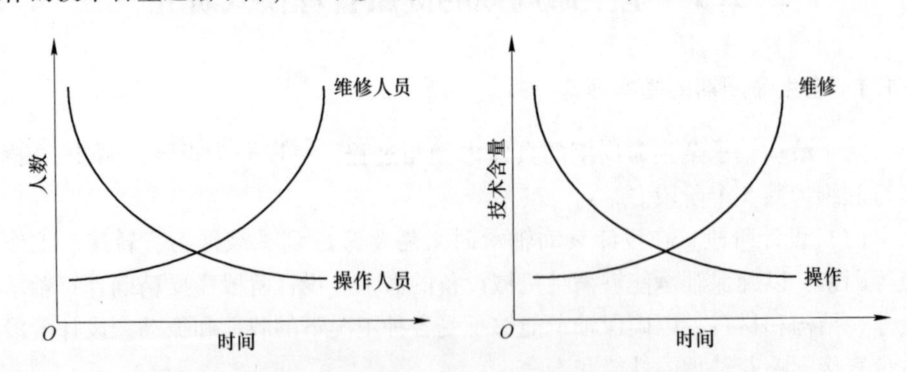

图2-1 维修人员和操作人员人数、设备维修和操作技术含量随时间变化图

现代设备的健康管理服务已经不是传统意义上的维修工所能胜任的工作，它不但要求设备维修管理人员具有坚实的理论基础，而且应该对设备系统有充分的了解。但是就目前来讲，设备的使用和维护人员对设备产品的了解仅仅局限于产

品的说明书和维修手册，信息量有限，无法对设备有充分的了解。如何提高和保障设备工作的可靠性与有效性成为一个亟待解决的问题。对于众多机械设备制造企业来说，产品质量的竞争焦点集中到了产品开发设计阶段和售后服务阶段。在开发设计阶段发现和消除故障隐患是提高产品质量的关键；提供高水平的健康管理服务也是企业赢得市场的重要因素之一[135]。

在设计上，许多企业都非常注重设备系统的可靠性和可诊断性，力求减少和降低由于设计造成的系统故障可能性。在设备的健康管理服务上，伴随着设备的产生和使用形成了一些传统的方式，在相当长的一段时间内发挥了重要作用；然而随着信息技术的发展进步，健康管理服务的模式和方式也在不断地发生变化，向着网络化的方向发展，如图 2-2 所示[136]。

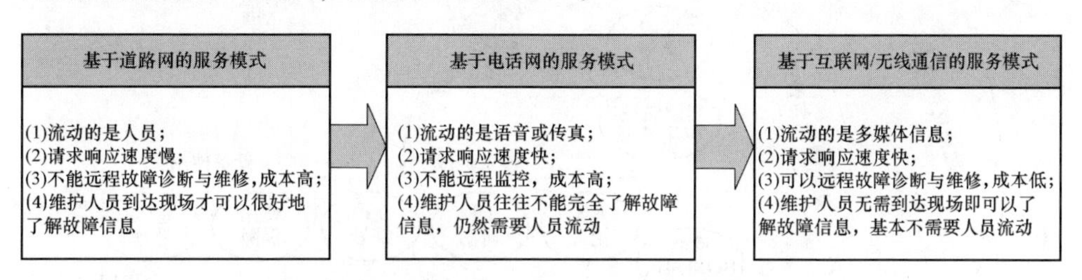

图 2-2 健康管理服务模式的转变

由图 2-2 可见，从所借助的网络上看，健康管理服务最早借助的是道路网，在制造商和众多客户之间主要进行人员交流，不仅不能远程监控，而且反应速度慢，维护成本高，提供的是现场管理服务；电话网出现后，可以用其进行部分的信息交流，但往往由于现场人员知识水平的限制，常使维护人员难以了解具体的故障信息，仍然没有解决人员流动的问题，因此服务成本和反应速度难以改善；与它们形成对比的是基于互联网、无线通信的诊断维护方式，它可以实现远程监控、传递多媒体等信息，以“信息流动”代替“人员流动”，因此能够极大地提高诊断、维护等活动的效率，为实现真正意义上的快速、高效、低成本远程健康管理服务指出了方向。

2.1.2.2 全生命周期健康管理理念

结合相关文献的研究[136-138]，把面向机械设备生命周期的健康管理理念定义为：以信息技术为依托，以检测技术、计算机技术和人工智能技术为手段，以知识获取和知识应用为核心，以高质量的设备产品和多元化的设备健康管理服务需求为目标，强调设备生命周期各阶段健康管理知识的获取、组织管理及创新应用，并通过远程系统为使用中的复杂设备提供可承受的、持续的监测、诊断、预测、评估、决策等健康管理服务。

针对设备生命周期健康管理理念的上述特点，并参考相关产品信息建模的文献[136, 138-139]，本书建立了装备生命周期健康管理理念的三维模型体系，如图 2-3 所示。该模型体系由正交的生命周期维、健康管理知识维、应用模型维组成，综合描述了设备生命周期健康管理模型的组成、发展和应用情况。

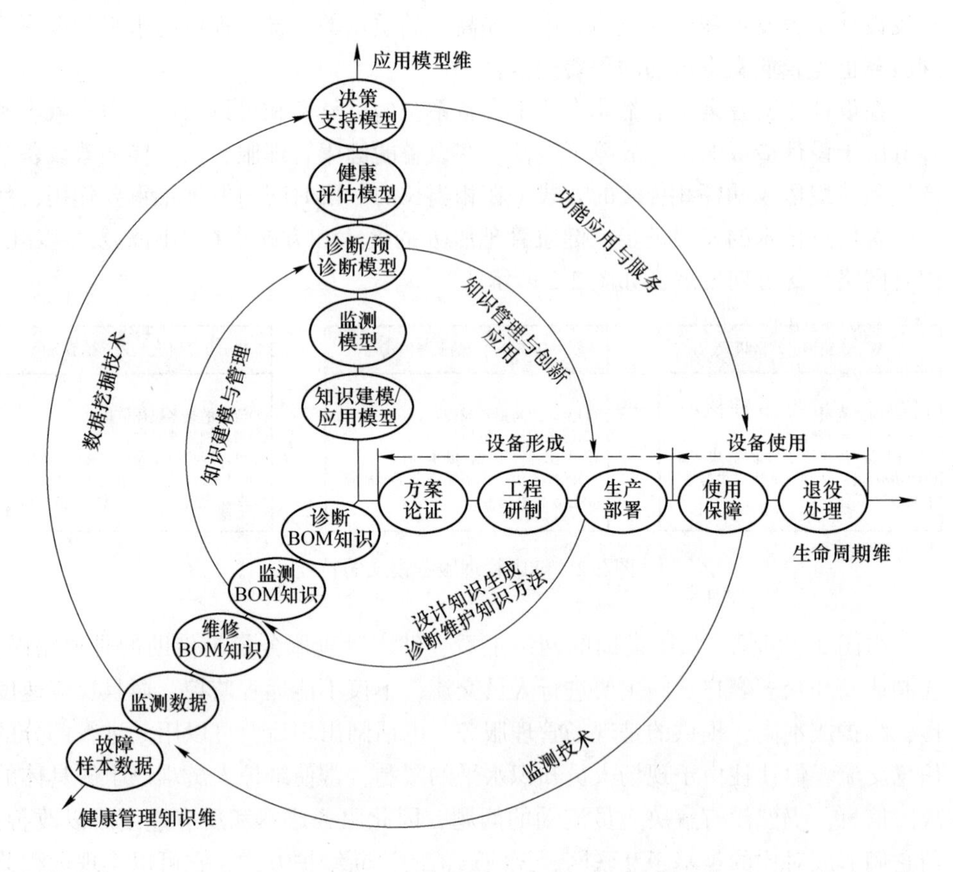

图 2-3　面向设备生命周期健康管理理念的三维模型体系

（1）生命周期维。生命周期维反映了设备系统从需求分析、概念设计开始，经历设计制造、使用维护、报废的生命历程，反映了产品知识不断积累、转换的过程。通过它可实现产品信息的可追溯性，明确了开展健康管理服务的阶段。

（2）健康管理知识维。健康管理知识维描述了机械设备生命周期中的健康管理知识来源，主要包括装备形成过程中，设计制造领域知识转换而成的诊断 BOM 知识、监测 BOM 知识、维修 BOM 知识，以及使用维护过程中生成的监测数据、故障样本数据、专家经验知识等。其中，诊断 BOM、监测 BOM、维修 BOM 是实现产品设计领域知识应用于诊断维护的窗口。

（3）应用模型维。应用模型维是指各类诊断维护模型，如健康管理系统中的监测、诊断、预诊断、健康评估、决策支持模型等。

（4）生命周期维与健康管理知识维的关系。健康管理知识产生于设备生命周期各阶段，不同的知识获取技术实现不同阶段健康管理知识获取。

（5）健康管理知识维与应用模型维的关系。知识是资源积累，模型是使用知识的方法，通过数据挖掘、知识建模与管理技术实现健康管理模型的构建。

（6）应用模型维与生命周期维的关系。建立模型的最终目的是在设备生命周期各阶段开展健康管理的应用和服务。

2.2　面向服务的滚动轴承健康管理的关键技术

机械设备健康管理理念实现的三维模型刻画了理念实施的一种思路及其实施过程中的关键技术问题。理念的实施涉及机械设备管理的多个功能子系统，它们用于实现任务的综合管理和集中调控，是知识应用于决策的地方，这些功能子系统的实现需要多种核心技术和支撑技术，如图 2-4 所示。

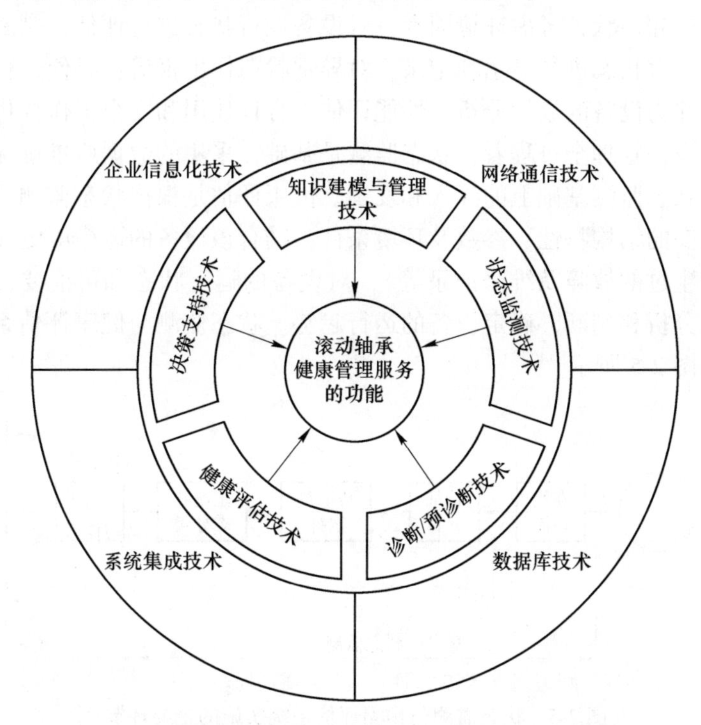

图 2-4　轴承生命周期健康管理理念实施的核心技术和支撑技术

核心技术是实现各功能子系统的关键技术，是子系统体现功能的关键，主要包括：知识建模与管理技术、状态监测技术、健康评估技术、诊断/预诊断技术和决策支持技术。支撑技术是开展各种功能应用所需的软硬件环境支撑，主要包括：网络通信技术（如网络协议、网络结构、网络设备、信息安全、计算模式以及无线通信技术等）、企业信息化技术（如 CAD、CAM、CAPP、CAE、PDM、PLM、MRPII、ERP、CRM、SCM 等）、系统集成技术（系统集成架构、软件开发环境和硬件开发技术），以及数据库技术。

2.2.1　状态监测与预测评估技术

状态监测与健康评估技术（condition monitoring and health assessment, CMHA）主要通过获取并区别设备过去和当前运行过程中的特征状态量的变化来判断设备整体或局部的质量优劣、可用程度、是否安全、有关异常和故障的原因及预测将来的发展和影响等，进而找出必要的维护对策，并对设备的设计、制造与装配提出改进性意见。

状态监测是对设备状态的判别，是健康评估的起点和基础。状态监测是了解和掌握设备的运行状态，包括采用各种检测、测量、监视、分析和判别方法，结合系统的历史和现状，考虑环境因素，对设备运行状态进行评估，判断其是否处于正常状态，对状态进行显示和记录，对异常状态作出报警，以便运行人员及时加以处理，并为设备的故障分析、性能评估、合理使用和安全工作提供信息和准备数据。从设备管理全过程看，状态监测是基础，采集的数据应准确无误，而健康评估是在状态监测基础上的深入和发展。健康评估是根据状态监测所获得的信息，结合已知的结构特性、参数及环境条件，结合该设备的运行历史（包括记录的和曾经发生过的故障及维修记录等），对设备的运行状态和可能要发生的故障进行预报、分析和判断，确定设备的运行趋势。状态监测与健康评估系统实施的主要环节如图 2-5 所示[140]。

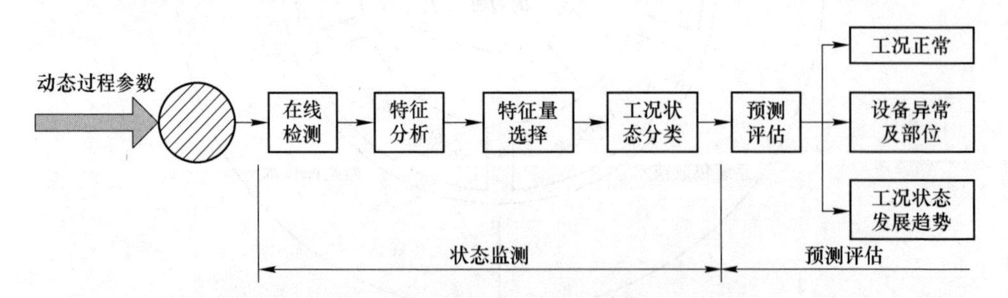

图 2-5　状态监测与预测评估系统实施的主要环节

其中，信号的在线检测一般通过在设备上或者设备附近安装传感器来实现。可用的测量信号包括振动、温度、压力、电流、电压、磁场、射线等，传感器的选择则以最能反映设备的状态变化为基本原则。信号的特征分析是指利用各种信号处理方法作为工具，找到工况状态与特征量的关系，把反映故障的特征信息和故障无关的特征信息分离开来，达到“去伪存真”的目的。特征量的选择指根据特征量对设备状态变化的敏感程度不同，选择敏感性强、规律好的特征量，达到“去粗取精”的目的。工况状态分类就是状态的识别问题，是将设备的状态区分为正常和异常两种状态的过程。健康评估是根据监测系统提供的状态信息，对当前设备的状态及其发展趋势作出确切判断的过程。

在医学领域，预测评估被定义为“研究诊断个体、家庭对现存或潜在健康问题反应的基本理论知识、基本技能和临床思维方法的学科”[141-143]。在设备健康管理领域，预测评估是一个比较新的概念，目前尚无统一的定义。本书将它定义为：设备预测评估就是系统接受来自不同状态监测模块及其他健康评估模块的数据，结合设备健康状态历史数据、工作状态及维修历史数据等，确定被监测系统（也可以是分系统、部件等）的健康状态（如是否有参数退化现象等）。

2.2.2 故障诊断技术

故障诊断是根据状态监测所获得的信息，结合已知的结构特性、参数及环境条件，结合该设备的运行历史（包括记录的和曾经发生过的故障及维修记录等），对设备可能要发生的或已经发生的故障进行预报和分析、判断，确定故障的性质、类别、程度、原因、部位，指出故障发生和发展的趋势及其后果，尽可能提出控制故障继续发展和消除故障的调整、维修、治理的对策措施，并加以实施，最终使设备恢复到原正常状态。

如第1章1.3.3.5节介绍，按照国际故障诊断权威P. M. Frank教授的观点，所有故障诊断方法可划分为：基于信号处理的方法、基于解析模型的方法和基于知识的方法。然而随着故障诊断技术的迅速发展，近年又出现了基于离散事件的诊断方法。因此，结合相关文献[56, 59-61, 66, 142-143]，本书尝试给出基于状态监测的故障诊断（condition monitoring and faults diagnosis，CMFD）的各种方法的分类，如图2-6所示。

基于信号处理的方法、基于解析模型的方法和基于知识的方法第1章已有介绍，这里主要介绍基于离散事件的方法。离散事件系统是系统科学与控制理论的新兴分支，是近年来发展起来的一种新型故障诊断方法。该类系统具有独特理论体系结构，完全不同于传统系统。基本思想是：离散事件模型状态既反映正常状态，又反映系统故障状态；系统的故障事件构成整个事件集合的一个子集，系统的正常事件构成故障事件的补集；故障诊断就是确定系统是否处于故障状态和是否发生了故障事件。这种方法的主要优点是不需要被诊断系统的精确数学模型，因而非常适用于解决难以建立精确模型的系统故障诊断问题。

从上述分析可以看出，CMFD的方法发展非常迅速而且各有优缺点，即使同一设备也存在多种不同的CMFD方法，分别从不同的角度进行分析。本书结合滚

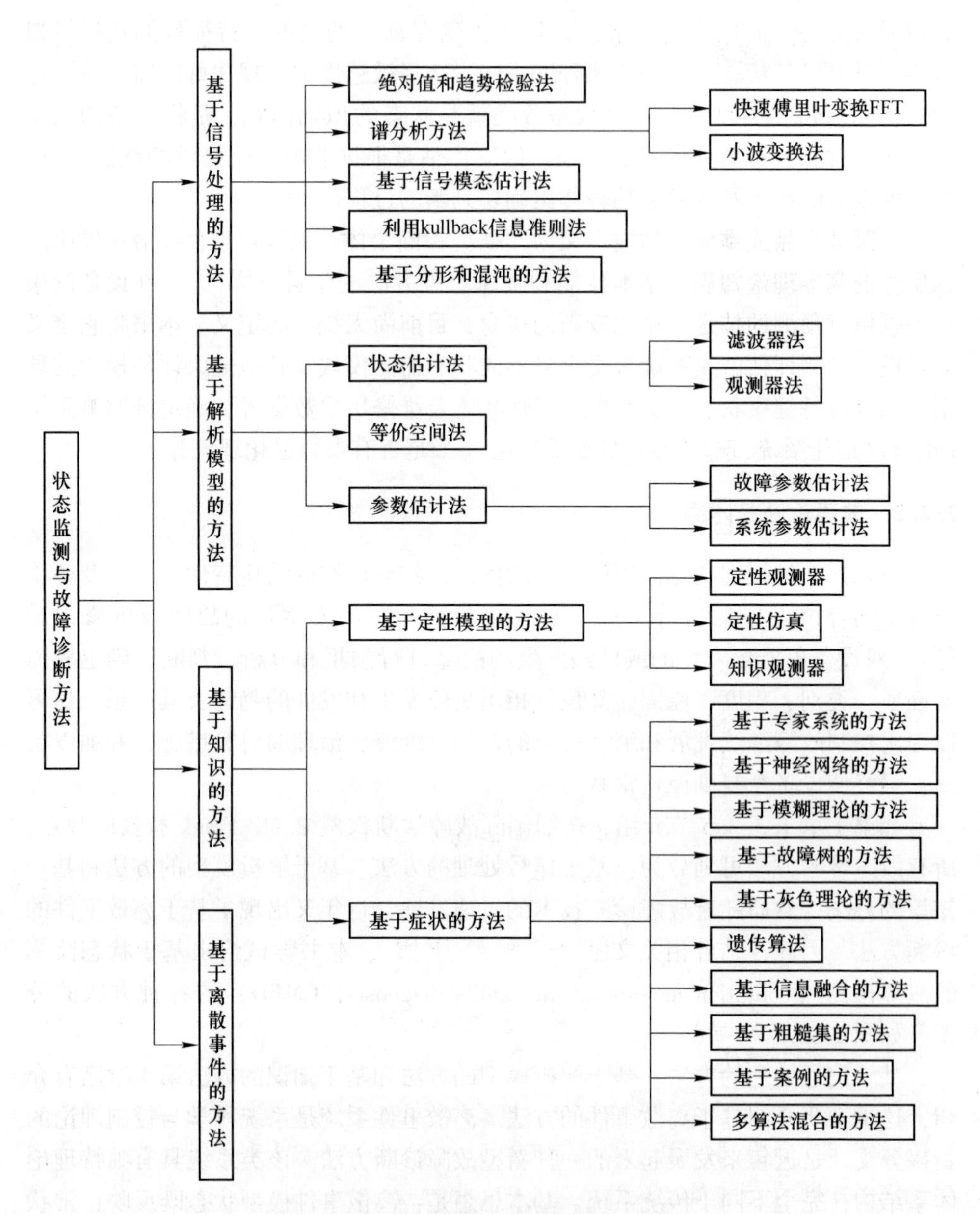

图 2-6　基于状态监测的故障诊断方法的分类

动轴承 CMFD 的研究现状以及实验的现有条件，重点对滚动轴承的状态监测进行设计，并将集成诊断理论应用到滚动轴承的故障诊断中，提出了基于数据挖掘技术的滚动轴承故障诊断专家系统，初步实现了滚动轴承远程故障诊断。

2.2.3 滚动轴承技术服务支持

2.2.3.1 技术服务支持流程

技术服务，是指拥有技术的一方运用其技术知识为另一方解决特定的技术问题所提供的服务。技术服务的内容包括改进产品结构、改良工艺流程、提高产品质量、降低产品成本、设备故障维修、节约资源能耗、保护资源环境、实现安全操作、提高经济效益和社会效益等专业技术工作。

真正意义上的技术服务是近年随技术服务不断发展产生的，其主要工作职能包括技术传授、技能交流、技术规划、技术评估、技术服务、设备维修维护和技术培训等。整个技术服务流程是用户—服务中心—用户模式，构造了一个良性循环，有利于技术服务支持的展开。技术服务支持流程循环如图 2-7 所示。

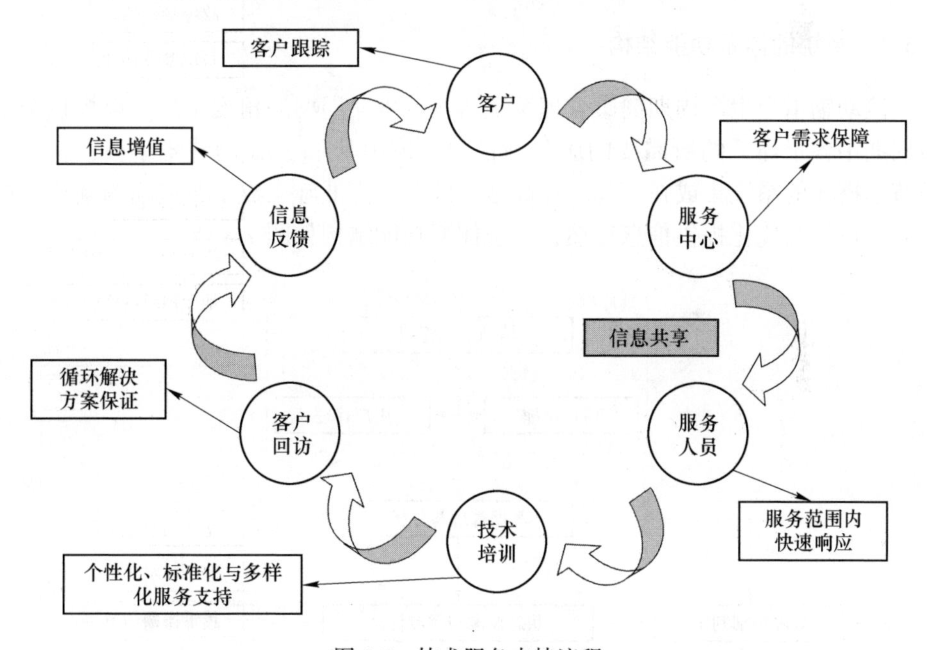

图 2-7 技术服务支持流程

2.2.3.2 技术服务在滚动轴承健康管理中的地位

随着互联网的快速发展，消费者更愿意选择通过互联网来解决实际应用中遇到的问题，这种模式具有反应迅速、成本较低等优点，因此不少企业开展对该领域的研究。通用公司的 In-Site 远程诊断维修技术已经实现了实时连线、高速传输数据，借助 In-Site 对设备进行远程诊断；飞利浦医学设备远程服务中心也研发了用于其医疗设备的远程诊断和维修系统。但是目前在机械设备行业还没有厂家能提供系统完善的远程技术支持平台。因此，开发高效、快速的远程技术支持平台，对工程进度、技术服务人员及施工工作人员具有重要意义。滚动轴承健康状况的影响因素贯穿于滚动轴承的整个生命周期，因此滚动轴承的技术服务过程应该是基于其全生命周期的，从构想、调研、设计、制造，到销售、运行、维护、回收再利用等阶段均有技术服务支持的需求。

2.3 滚动轴承全生命周期的健康管理系统体系结构

本节以面向滚动轴承生命周期的健康管理理念为指导，从滚动轴承的设计研发、使用及远程诊断、维护服务的提供三方面入手，给出了面向生命周期的健康管理系统的概念模型、总体结构和逻辑结构等，给出了系统的明晰框架，表达了系统智能化、集成化、网络化特点，描述了信息和知识逻辑过程。

2.3.1 系统的体系功能结构

滚动轴承全生命周期健康管理系统从设备生命周期的角度出发，以提供全生命周期中各个环节的所需要的服务为目的，采用基于 SOA 的技术手段，将各个环节已搭建的系统集成在一起，提高施工效率，降低施工成本，进而为新产品的研制、设计与优化提供信息反馈，系统体系功能结构如图 2-8 所示。

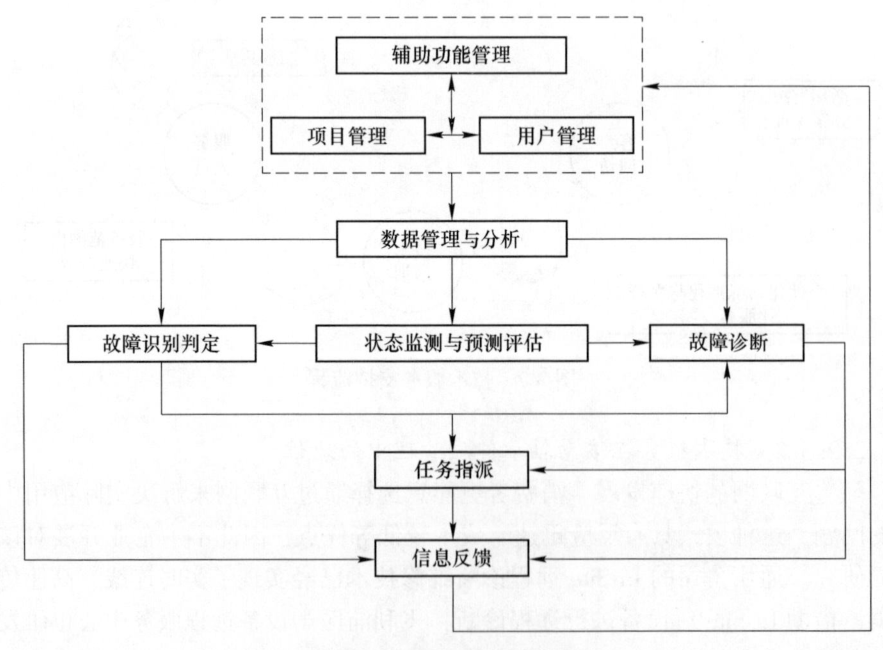

图 2-8 系统体系功能结构

系统体系中的各个功能简要介绍如下：

(1) 项目管理。项目管理功能主要包括项目的创建、选择和管理等内容，主要是针对不同项目对设备进行选型、设计、制造、使用、管理、服务等。

(2) 用户管理。用户管理功能主要包括用户及客服人员的管理，用户包括企业的设计人员、设备的使用人员、行业专家、技术服务人员等。

(3) 数据管理与分析。该功能主要针对设备在运行过程中实时采集到的数据的存储、剔除、分析等，供预测分析、故障诊断、掘进参数调整等功能使用。

(4) 状态监测与预测评估。该功能主要包括通过监测实时关注设备的运行状态，预测未来一段时间设备关键部件的运行情况是否正常，降低设备故障率。

(5) 故障诊断。故障诊断功能是根据状态监测阶段提供的数据分析结果对设备产生的故障进行诊断，以智能诊断替代人为检查，提高故障的解决效率。

(6) 任务指派。任务指派功能是指当滚动轴承发生故障或者需要进行预测性维护时，系统通过计算为其分配技术人员，完成此项维修或维护任务。

(7) 故障识别判定。此功能主要针对设备在掘进过程中，掘进参数的调整与参数关系之间的优化，同时通过掘进参数配合过程中出现的异常情况，对设备进行实时诊断，保证设备能够高效率掘进，进而降低施工成本。

(8) 信息反馈。该功能主要针对故障诊断和故障识别判定所反映出来的信息进行反馈，作为滚动轴承全生命周期的健康管理数据依据，对轴承状态和可靠性进行持续优化。

(9) 辅助功能管理。该功能以企业与远程客户进行友好沟通为主要目的，实现设备的增值，减少设备的维护和培训成本，提高用户的技术水平和工作效率。

2.3.2 系统的概念模型

概念模型是对真实世界中问题域内的事物的描述，不是对开发产品本身的描述，有意识地忽略事物的某些特征，对产品需要解决的问题进行高度的概括和抽象的产物。面向复杂装备生命周期的健康管理系统是一个复杂的大系统，本书设计的概念模型如图 2-9 所示，主要包括三个部分：产品数据管理系统、装备健康管理服务中心，以及现场工作站。

(1) 产品数据管理系统。产品数据管理系统的主要作用是为装备设计知识生成健康管理知识提供技术支持平台。PDM 是比较成熟的集成框架系统，它涵盖了产品设计领域的知识并为知识转化、组织和建模提供必要的支持。在知识转化、组织、建模中需要管理大量异构、动态的数据，而数据必须保持一致性、有效性、安全性，PDM 不仅提供了产品生命周期的数据信息，并通过版本管理、组织权限管理、工作流程管理保证了数据的有效性、安全性、一致性[136]。

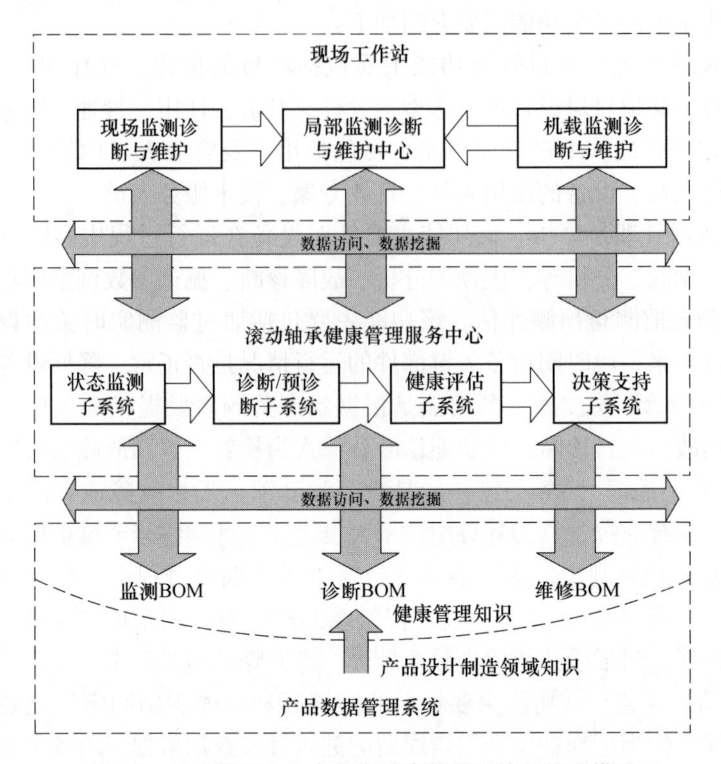

图 2-9　滚动轴承全生命周期健康管理系统的概念模型

（2）健康管理服务中心。健康管理服务中心构成了整个装备健康管理系统的主体，其主要作用是实现装备生命周期各阶段生成的健康管理知识的获取、组织、管理和应用。健康管理服务中心由各类健康管理功能子系统组成，细分为状态监测子系统、诊断/预诊断子系统、健康评估子系统及决策支持子系统等。

（3）现场工作站。现场工作站是客户直接接触使用设备的地方，主要通过各种机载设备、手持监测诊断设备、人工观察记录等手段完成现场部分诊断维护任务；同时向远程健康管理服务中心传输各种数据、发送服务请求，通过交互方式实现远程监测、诊断、管理等服务。

3　滚动轴承基本机理和健康管理相关技术及算法

本章将详细介绍滚动轴承的基本构造与振动机理、失效类型、频率分析及健康判别方法等基本理论知识，同时阐述相关技术及算法。这些技术可以用于轴承故障诊断和剩余寿命预测模型的构建，从而实现对机械系统健康状况的实时监测和诊断。

3.1　滚动轴承的基本构造与振动机理

3.1.1　滚动轴承的基本构造

如今，滚动轴承衍生出了多种不同的类型，如推力球轴承、向心球轴承、向心滚子轴承等[2]。但归本溯源滚动轴承还是由内圈、外圈、滚动体、保持架四部分构成，并由这四部分的协调运转配合实现了滚动轴承在旋转机械内部的正常工作[144]。滚动轴承的几何结构如图 3-1 所示。

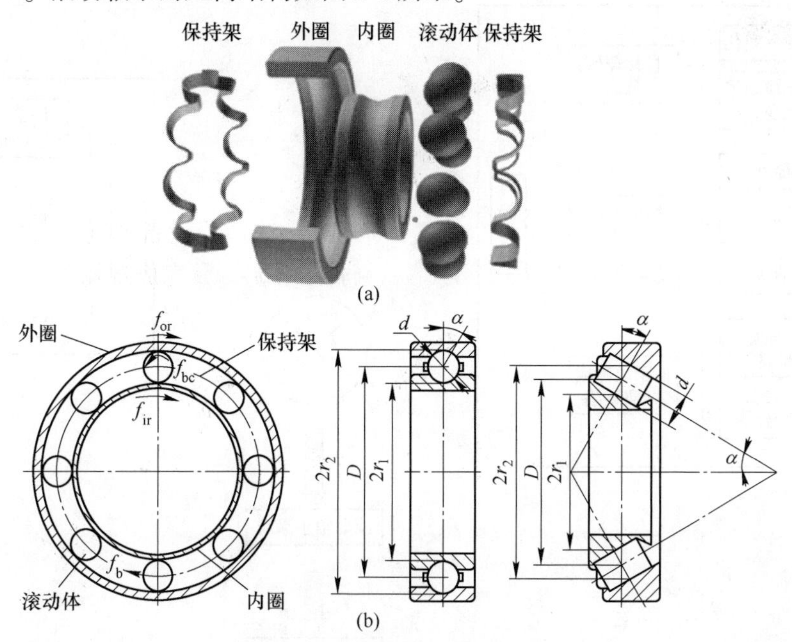

图 3-1　滚动轴承结构示意图

（a）三维结构；（b）几何结构

图 3-1 中的几何参数所代表的含义如表 3-1 所示。

表 3-1　轴承几何参数符号说明

参数符号	含义说明
D	轴承滚动体中心所在圆的直径
d	滚动体平均直径
r_1	内圈滚道平均直径
r_2	外圈滚道平均直径
α	接触角
f_{or}	外圈转动频率
f_{bc}	滚动体转动频率
f_{ir}	内圈转动频率
f_{b}	保持架转动频率

3.1.2　滚动轴承的振动机理分析

滚动轴承在工作时，内圈、外圈、滚动体及保持架由于存在着不同的转动速度、不同的转动频率和不同的转动方向，同时由于不同的加工精度等种种因素，它们这些零件会发生大量的摩擦，进而导致滚动轴承也就产生了振动[145]。总体来说，滚动轴承主要受到内部因素与外部因素两个方面的影响，如图 3-2 所示。

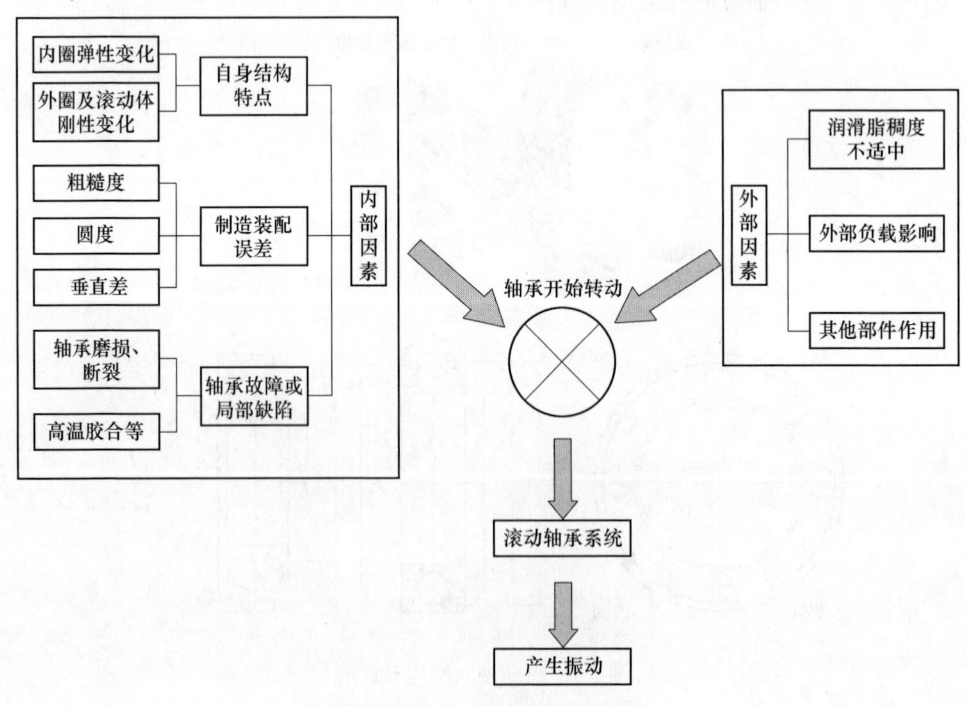

图 3-2　轴承的振动产生机理图

（1）内部因素。总体分为三类：第一类是因轴承自身而出现的固有振动，例如内圈的弹性、外圈及滚动体刚性的变化而引发固有振动。第二类是在轴承制造过程中因加工不够精密，以及在装配过程中产生的误差进而造成轴承的强迫振动，例如粗糙度、圆度、垂直差等因轴承长期运转已经偏离可允许的范围内而引发强迫振动。第三类是由于轴承发生故障或局部存在缺陷而产生的冲击振动。例如轴承出现磨损、裂痕，因长时间工作而产生高温造成轴承内部零件胶合等，都会使轴承发生冲击振动。

（2）外部因素。由于轴承工作环境的恶劣，导致轴承振动的外部因素要比内部因素复杂得多，并且因素也非常具有不确定性，例如，润滑脂稠度不适中而造成滚动体阻尼过大或摩擦力过大、外部负载的影响，以及机械设备中其他部件的作用都会造成滚动轴承的振动，在此不逐一列举。

3.2 滚动轴承的失效类型、频率分析及健康判别方法

3.2.1 滚动轴承的常见失效类型

滚动轴承由于经常工作在极其恶劣的环境当中，并且经常受到外界各种不可抗因素的干扰。因此，经常会出现各种不同的问题及损伤。及时对轴承进行定期的检查、维护，并发现、解决其所存在的问题，对于保证机械设备的正常运行，实现生产任务的按期完成，实现企业利益的最大化，以及确保工人的生命安全是十分有益的。滚动轴承的常见失效类型主要细分为疲劳破坏、磨损、腐蚀等 7 种，如图 3-3 所示。具体的失效现象及原因如下[146]。

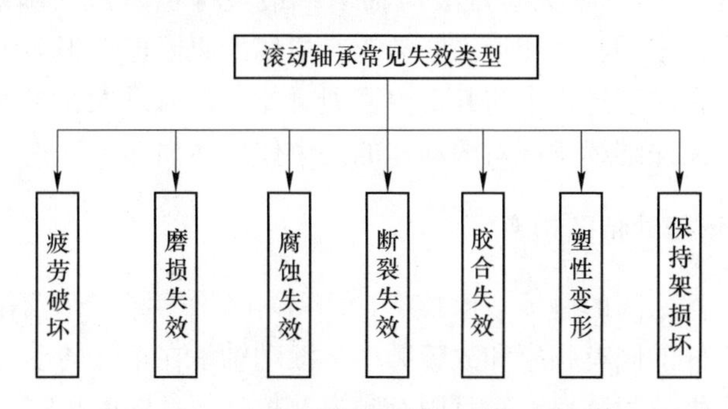

图 3-3　滚动轴承常见失效类型图

（1）疲劳破坏。轴承在装配过程中由于不规范的安装造成轴承在运转过程中某一局部位置受力过大不能均匀受力，而造成轴承表面从初期的轻微凹坑或表面部分脱落，倘若不及时维护或更换，轴承表面出现深坑或大面积的脱落，最终造成疲劳破坏。

（2）磨损失效。滚动轴承在工作过程中，由于密封不严、工作环境复杂等一系列原因，经常会卷入扬尘、零件碎屑等大量杂质，并附着在轴承滚道上，加之润滑剂的润滑效果不佳，导致轴承承受的摩擦力过大，如果没有及时处理，长此以往，就会造成轴承出现严重磨损、机械设备产生不正常噪声等问题。

（3）腐蚀失效。腐蚀失效对于滚动轴承来说，是最为致命的情况之一。腐蚀失效大致分为三种情况：第一种情况是电腐蚀，主要是因为轴承在运转过程中某些时刻，因为接触了过大的电流而出现电火花，造成轴承表面出现腐蚀；第二种情况是化学腐蚀，主要是由于润滑剂的质量不合格，其中掺杂着对轴承有损害的酸碱成分，发生化学反应进而导致轴承被腐蚀；第三种情况是摩擦腐蚀，产生原因与疲劳破坏和磨损失效相似，都是由于摩擦力过大而造成轴承表面出现损伤，长此以往而出现锈蚀。

（4）断裂失效。轴承的断裂失效主要是由于轴承长期工作在负载过大的情况之下，以及轴承出厂质量的不过关，而造成轴承早期出现裂纹，外加没有及时维护或更换就继续工作，最终导致断裂。

（5）胶合失效。造成胶合失效现象的原因是高压、高摩擦力等导致轴承快速升温，但未及时冷却，使得滚动体和滚道等黏附在一起，造成滚动轴承转动异常。

（6）塑性变形。塑性变形是指轴承在运转过程中由于与异物接触造成磕碰或受到了较大的冲击负荷而在其表面产生不规则的凹坑，而这些凹坑大多是物理作用造成的，并且没有及时处理，对轴承产生了不可逆转的形变，最终导致轴承失效。

（7）保持架损坏。保持架是滚动轴承中最关键也是最为脆弱的零件之一。它的损坏类型有很多种，如变形、断裂等。损坏的原因也有很多种，如安装不当造成内部滚动体在转动过程中与其发生剧烈碰撞；载荷过大、温度过高等而使其形状发生改变，无法继续发挥对滚动体的约束作用而损坏。

3.2.2 滚动轴承振动特征频率

由于不同零件之间的碰撞、摩擦、冲击等相互作用会产生不同的振动频率，主要分为不同零件的固有频率和故障频率。滚动轴承在正常转动过程中会产生固有频率而不会产生故障频率，一旦固有频率及故障频率同时出现，就说明了滚动轴承的某一部分或多个部分出现故障，这是对滚动轴承故障判别的重要标准和手段。

（1）固有频率。固有频率是指不同零件在滚动轴承工作进程中产生的振动频率，固有频率与滚动轴承的运转状态无关，而与其形状、尺寸、类型等物理结构特性有关。各零件的固有频率计算公式如下。

内圈、外圈固有频率计算公式：

$$f_n = \frac{n(n^2 - 1)}{2\pi\sqrt{n^2 + 1}} \times \frac{4}{D^2}\sqrt{\frac{EIg}{\rho A}} \tag{3-1}$$

式中，n 为振动阶数；D 为中性轴直径，mm；E 为弹性模量，GPa；I 为内外圈横截面惯性矩，mm^4；g 为重力加速度，m/s^2；ρ 为材料密度，kg/mm^3；A 为内外圈横截面面积，mm^2。

滚动体固有频率计算公式：

$$f_b = \frac{0.424}{r}\sqrt{\frac{E}{2\rho}} \tag{3-2}$$

式中，r 为滚动体半径，mm；E 为弹性模量，GPa；ρ 为材料密度，kg/mm^3。

（2）故障特征频率。当滚动轴承的某一零件产生故障并继续工作时，将会形成周期性的振动脉冲，不同零件的故障振动频率计算公式如下。

内圈转动频率：

$$f_{ir} = \frac{N}{60} \tag{3-3}$$

式中，N 为轴承转动速度。

外圈故障特征频率：

$$f_o = \frac{1}{2} \times Z \times \left(1 - \frac{d\cos\alpha}{D}\right) \times f_{ir} \tag{3-4}$$

内圈故障特征频率：

$$f_i = \frac{1}{2} \times Z \times \left(1 + \frac{d\cos\alpha}{D}\right) \times f_{ir} \tag{3-5}$$

滚动体故障特征频率：

$$f_b = \frac{1}{2} \times \frac{D}{d} \times \left[1 - \left(\frac{d\cos\alpha}{D}\right)^2\right] \times f_{ir} \tag{3-6}$$

式中，Z 为滚动体数量，个；d 为滚动体直径，mm；α 为接触角角度，(°)；D 为滚动体中心轴直径，mm。

上述所列出的滚动轴承故障特征频率计算公式可根据计算数值的不同，及时发现轴承的某一部位或某些部位发生了故障，以及处于哪一健康阶段，但在现实应用中，由于受到各种因素的干扰，振动信号不可能是纯信号，一定会存在着大量的干扰噪声，而且这种方法只能起到辅助作用，因此，探索如何获得纯净的振动信号及更好的故障特征提取方法十分关键。

3.2.3 滚动轴承常见健康判别评估方法

经过数十年来有关学者的不断研究与探索，已经衍生出了许多基于某些重要特征的准确、高效的健康判别评估方法。常见的方法主要有声发射信号法、电流测验法、温度变化监测法、油样解析法及振动信号剖析法[147]，这些方法的主要优势在于可以不用对机械设备进行拆卸来对内部的滚动轴承进行直接观察，而是利用专业设备将轴承某些元件的实际故障转换成温度、油样等故障特征，既可以减少拆装机械设备的烦琐步骤，又可以快速、准确地判别轴承的健康状况。

（1）声发射信号法。声发射信号技术主要是利用当轴承受到长时间的外力挤压而产生裂纹甚至出现断裂、滚道长时间磨损造成表面脱落等将会产生声发射的现象，可利用传感器、信号放大器等装置来收集轴承在不同健康阶段以及发生不同故障时的应力波形，并针对不同的波形实现轴承健康状态及故障类型的划分。但这种技术也存在着很严重的缺陷，必须相关方面专业知识丰富的人员及价格高昂的专业设备才能进行。

（2）电流测验法。机械设备运转过程中，会有大量电流从其内部经过提供动力能源支持，从而维持其正常工作。当其内部的滚动轴承出现故障或健康状态不佳时，经过电机的电流的流量等也会发生变化。因此，可通过观察、分析电机电流频谱的变化情况来判断滚动轴承的性能状态。但仅通过对电流频谱的观察无法实现轴承故障部位的准确判断。

（3）温度变化监测法。轴承在经过长时间的转动后，由于内部内外圈、滚动体、保持架等元件之间相互挤压、摩擦等，将会伴随着高温的产生，倘若轴承一直处于高速转动，并持续升温而未及时处理，最终将会导致轴承的失效。因此，可利用热成像等技术，根据温度的高低来对轴承健康状态进行判断。

（4）油样解析法。油样解析法主要是根据轴承运转过程中，轴承内部因为摩擦等物理作用力，表面会有细小颗粒的脱落并进入润滑剂中，可通过对润滑剂中所含成分的变化及融入的金属颗粒大小、数量等进行分析，从而判断轴承的磨损情况。

（5）振动信号剖析法。轴承内部各种不同元件会在运转过程中发生摩擦、碰撞等，并且也会受到周围环境噪声等因素的干扰，进而产生简谐振动等现象。振动信号是一种数字信号，可利用价格较为低廉的采集器、传感器等去收集、传导轴承产生的振动信号，并且可通过时频域剖析等方法来探究不同损伤程度及不同部位故障的振动信号所具有的不同特征，可在不妨碍机械设备正常工作的情况下，对滚动轴承的健康情况进行实时的监测。

上述是滚动轴承常见的健康判别评估方法，主要从其基本技术过程、优缺点等进行了大致的介绍。对比以上几种方法，基于振动信号剖析的方法因其信号采集简单、故障特征明显等，成为轴承健康管理及监测的主流方法。而随着智能算法及计算机技术的不断进步，越来越多的振动信号处理与分析算法开始不断涌现，如经验模态分解法（EMD）、变分模态分解法（VMD）等，同时也体现了轴承健康管理研究的热度之高。

3.3 大数据基本理论

大数据及其大数据技术的应用近几年已经成为各行各业中提及的热点话题之一。随着数据管理模式和存储数据技术的不断革新，各类信息以大数据形式被保存下来，然而，庞大的数据量如何高效、清晰、快速地将其内在的信息展现给人们，如今是一个重点探索方向。本书将大数据作为探索和研究的切入点，重点阐述大数据理论和特征，并介绍大数据技术的应用和大数据工具应用现状。

3.3.1 大数据及大数据技术

大数据已经被人们所熟知，各行各业都已或多或少地提及，而大数据实际上是被用来指代伴随高新技术发展产生的海量数据信息和相关技术。大数据具有“5v”基本特征[148]，如图3-4所示。

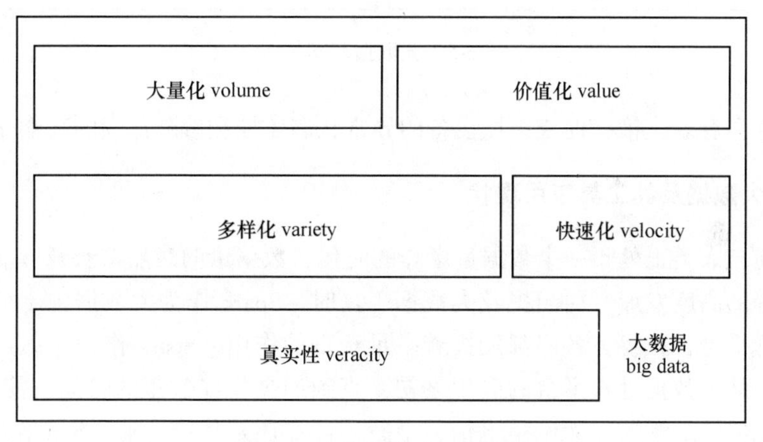

图3-4 大数据的“5v”特征

大数据的“5v”特征从5个不同的重要角度对其进行进一步的论述。在面向工业大数据的时代，除上述提及的“5v”特征外，故障诊断技术中的数据处理还和大数据所处行业属性息息相关，例如，存在数据特征不明显、维度高、样本分布不均匀等问题，大数据技术的应用等也有异于一般数据分析方法。大数据技术主要有4个部分[149]，如图3-5所示。

在大数据技术中，深度学习能模拟出类似人类大脑的思维结构[150]，构建不同层级的学习模型，以完善特征和故障时间复杂映射的拟合过程，最终达到精准、高效识别海量数据间隐藏的丰富信息。大数据下的故障诊断过程基于传统诊断技术和方法，包括计算机信息技术、通信和控制等处理模式，从数据存储方式、数据处理和解释、挖掘、预测等入手，实现基于故障-大数据技术的动态解

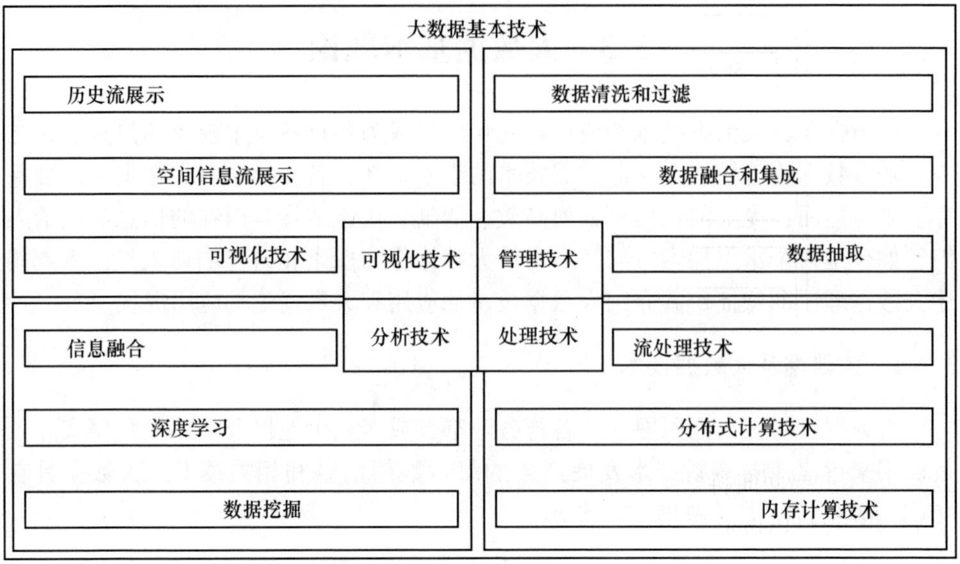

大数据基本技术

历史流展示
空间信息流展示
可视化技术
数据清洗和过滤
数据融合和集成
数据抽取
可视化技术
管理技术
分析技术
处理技术
信息融合
深度学习
数据挖掘
流处理技术
分布式计算技术
内存计算技术

图 3-5　大数据基本技术

析、监控和有效决策，促成机械设备的异常状态监控和诊断范围的高端化。

3.3.2　大数据及其工具应用现状

当前，人类正处于一个数据量爆炸的时代，数据量的激烈增长意味着相关技术手段等的高度发展，而当提及大数据工具时，Spark 作为大数据中十分重要的数据处理平台，在各方各面都发挥着举足轻重的作用。Spark 作为一款成熟的开源软件，从大数据处理平台的诞生之初，直到如今仅仅数年的时间，使用 Spark 的人数翻倍式地激增，无论是电信、金融、证券还是传统企业。Spark 大数据平台的应用已经成为当前应用的热门之一。

大数据已经在近几年受到各行各业的广泛关注，数据量的指数式增长和数据包含信息的多样性的局面，要求从技术层面上合适的数据平台得以应对，Spark 大数据平台作为新一代数据处理引擎由此出现，Spark 平台具有更快的处理速度，同时还支持机器学习的计算，Spark 平台架构如图 3-6 所示。

图 3-6 清晰地阐述了 Spark 平台的基本架构，其中，Spark 平台支持多种编程语言，如 Python 等。为实现算法等重要的功能，Spark 还提供了一个支持机器学习的部分——MLib。MLib 中支持多种不同算法，算法包括回归分析、分类运算、聚类过程和协同过滤等[151]，还支持模型的评估、数据输入，支持通用式梯度下降优化算法。

Spark 平台支持 Python 编程语言，除 Spark 平台之外，还有 Anaconda 等。

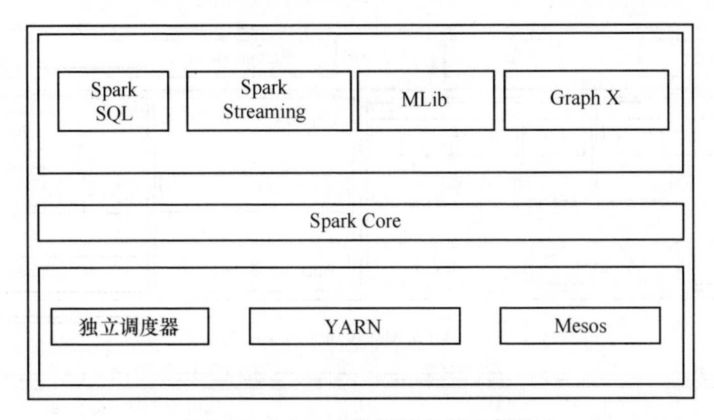

图 3-6 Spark 大数据平台基本架构

Anaconda 主要面向科学计算，像大数据分析、机器学习、模型预测等均可以通过它得以实现。Python 可以通过多种方式安装科学计算所需要的库，如 pip 操作、conda 命令等，库一般分为 4 类：基础库、可视化库、扩展计算库和机器学习库。

3.3.3 Spark 大数据平台

在分布式数据计算平台中，Spark 具有快速处理、规模大、通用性强等优势，Spark 的基本执行原理如图 3-7 所示。

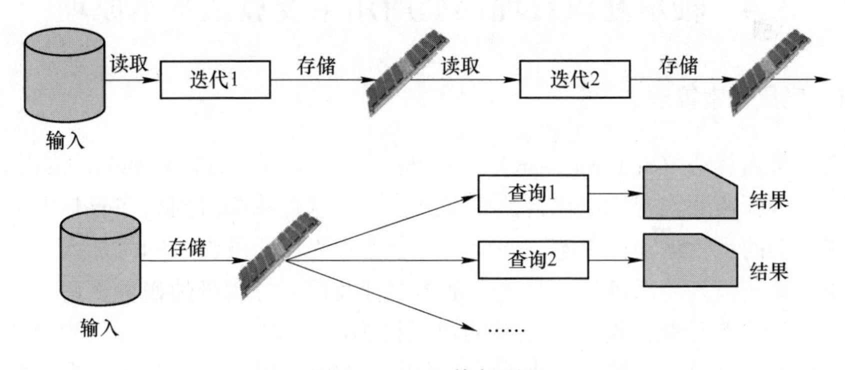

图 3-7 Spark 执行原理

在 Spark 平台中，计算模块实际上是基于 Hadoop 框架，将数据置于服务器等的内存之上以大大提升数据运算的速度，因而，Spark 在机器学习中得到了广泛的应用。而 MLib 作为 Spark 中的十分重要的机器学习模块，其同样发挥重要作用，Spark-MLib 的架构如图 3-8 所示。

在 Spark 数据平台的 MLib 中包含各种机器学习中常用的计算过程，例如，聚类过程、回归计算过程和分类计算过程，同时也包含模型评估的部分。

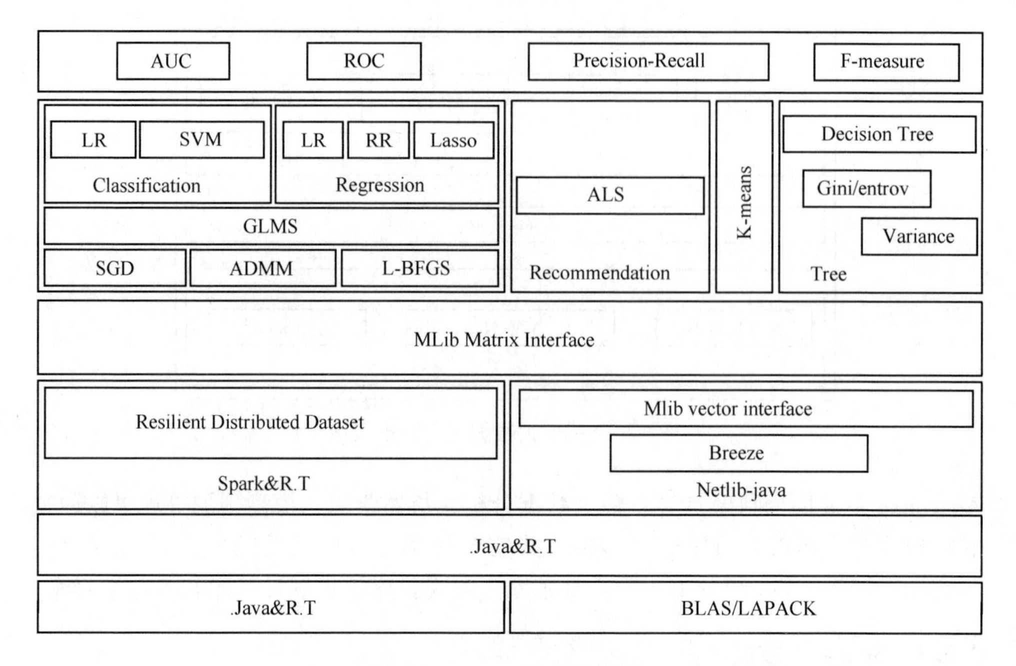

图 3-8　Spark-MLib 的架构

3.4　轴承健康管理模型所用主要算法基本原理

3.4.1　飞鼠搜索算法

飞鼠搜索算法（squirrel search algorithm，SSA）是 2018 年 Mohit Jain 等[152]提出的一种新颖的群智能进化自然启发式算法。这种算法以飞鼠在森林中不同种类的树木上的觅食活动为灵感，并引入捕食者作为惩罚条件，同时加入季节检测条件防止算法陷入局部最优，具体的基本原理及搜索寻优步骤如下。

（1）随机初始化种群。将飞鼠的数量设为参数 $\boldsymbol{FS}$，而每只飞鼠的初始位置都是随机的，每只飞鼠的位置表示为一个向量位，飞鼠可以随意改变自身的位置去寻找食物源，同时也就达到了搜索最优解的目标，所有飞鼠的位置将构成式（3-7）所示的矩阵。采用均匀分布初始化所有飞鼠位置，如式（3-8）所示。

$$\boldsymbol{FS} = \begin{bmatrix} FS_{1,1} & FS_{1,2} & \cdots & FS_{1,d} \\ FS_{2,1} & FS_{2,2} & \cdots & FS_{2,d} \\ \vdots & \vdots & \vdots & \vdots \\ FS_{n,1} & FS_{n,2} & \cdots & FS_{n,d} \end{bmatrix} \tag{3-7}$$

$$FS_{i,j} = FS_L + U(0,1) \times (FS_U - FS_L) \tag{3-8}$$

式中，$FS_{i,j}$为森林中第 i 个飞鼠在第 j 维度上的位置；FS_U为飞鼠位置上界；FS_L为下界；$U(0,1)$ 为在［0，1］区间内的随机数。

（2）适应度评估。通过计算每只飞鼠不同位置的食物质量，也就是不同的适应度值，可以反映出飞鼠的生存概率，将山核桃树食物源作为最优解，橡树食物源作为次优解，普通树作为可行解，其适应度函数数组如式（3-9）所示。

$$\boldsymbol{f} = \begin{bmatrix} f_1 & ([FS_{1,1} & FS_{1,2} & \cdots & FS_{1,d}]) \\ f_2 & ([FS_{2,1} & FS_{2,2} & \cdots & FS_{2,d}]) \\ & & \vdots & & \\ f_n & ([FS_{n,1} & FS_{n,2} & \cdots & FS_{n,d}]) \end{bmatrix} \tag{3-9}$$

（3）排序、声明和随机选择。将适应度结果升序排列，适应度最小的飞鼠位于山核桃树上，次之的飞鼠位于橡树上，并往山核桃树方向滑翔，其余的飞鼠在普通树上，并将满足食物需求的飞鼠向山核桃树方向滑翔，未满足食物需求的飞鼠向橡树方向滑翔，同时根据捕食者出现的概率 P_{dp}来选择滑翔方向。

（4）位置更新。位置更新情况主要分为三种，具体数学模型如下。

第一种，橡树上的飞鼠滑翔到山核桃树上，位置更新公式如式（3-10）所示。

$$FS_{\mathrm{at}}^{t+1} = \begin{cases} FS_{\mathrm{at}}^t + d_{\mathrm{g}} \times G_{\mathrm{c}} \times (FS_{\mathrm{ht}}^t - FS_{\mathrm{at}}^t) & \mathrm{rand} \geqslant P_{\mathrm{dp}} \\ \text{Random location} & \text{otherwise} \end{cases} \tag{3-10}$$

第二种，普通树上的飞鼠滑翔到橡树上，位置更新公式如式（3-11）所示。

$$FS_{\mathrm{nt}}^{t+1} = \begin{cases} FS_{\mathrm{nt}}^t + d_{\mathrm{g}} \times G_{\mathrm{c}} \times (FS_{\mathrm{at}}^t - FS_{\mathrm{nt}}^t) & \mathrm{rand} \geqslant P_{\mathrm{dp}} \\ \text{Random location} & \text{otherwise} \end{cases} \tag{3-11}$$

第三种，普通树上的飞鼠滑翔到山核桃树上，位置更新公式如式（3-12）所示。

$$FS_{\mathrm{nt}}^{t+1} = \begin{cases} FS_{\mathrm{nt}}^t + d_{\mathrm{g}} \times G_{\mathrm{c}} \times (FS_{\mathrm{ht}}^t - FS_{\mathrm{nt}}^t) & \mathrm{rand} \geqslant P_{\mathrm{dp}} \\ \text{Random location} & \text{otherwise} \end{cases} \tag{3-12}$$

式中，FS_{at}、FS_{ht}、FS_{nt}分别为飞鼠在橡树上的位置、在山核桃树上的位置、在普通树上的位置；d_{g}为滑行步长；G_{c}为滑动常数；rand 为［0，1］区间的随机数；t 为迭代次数。

（5）季节判别及算法停止条件。飞鼠的觅食活跃程度受季节变化影响很大，因此引入季节评估条件可防止算法陷入局部最优，将季节常数 $S_{\mathrm{c}}^{\mathrm{t}}$ 与季节常数最小值 $S_{\min}$进行比较，从而判断是否处于冬季。如式（3-13）、式（3-14）所示。

$$S_{\mathrm{c}}^t = \sqrt{\sum_{k=1}^{d} (FS_{\mathrm{at},k}^t - FS_{\mathrm{ht},k}^t)^2} \tag{3-13}$$

$$S_{\min} = \frac{10E^{-6}}{365^{2.5t/t_{\mathrm{m}}}} \tag{3-14}$$

当冬季结束时，普通树上未获得食物的飞鼠可根据式（3-15）进行位置更新。

$$FS_{\mathrm{nt}}^{t+1} = FS_L + \mathrm{Levy} \times (FS_U - FS_L) \tag{3-15}$$

式中，Levy 为莱维飞行获得步长方式。

当算法达到所设定的最大迭代次数时，算法停止。

3.4.2　支持向量机

支持向量机（support vector machine，SVM）是由 Vladimir N. Vapnik 等人提出的一种二分类的机器学习模型[153]。它是基于统计学习理论，在线性分类器的基础上，引入 VC 维、最优化理论等而搭建的，可适用于多种工程技术方面的分类问题。虽然经过了多年的发展，出现并衍生出了各种不同的智能优化算法与模型，例如 BP 神经网络、卷积神经网络、Adaboost 等都在其专长领域取得了较为良好的优化效果，但支持向量机凭借其适用范围广、分类及预测准确率高等优秀性能，依然有着不可撼动的稳固地位，深受广大学者的应用与研究，同时也特别适用于本书所研究的滚动轴承故障诊断及健康状态划分等这些特征维数高但样本量较小的实际工程类问题。

本书主要从线性可分、非线性可分这两种普遍存在的分类情况，对支持向量机如何解决这些问题的基本原理及过程进行简要的说明，为接下来滚动轴承健康管理模型的构建打下理论基础。

3.4.2.1　线性支持向量机

对于线性可分问题，也就是二分类问题，支持向量机会在二维平面构建一个直角坐标系，并把需要分类的样本转换成坐标向量，使所有样本都包含在所构建的直角坐标系中，并在此坐标系中构建一个使两种样本都尽可能全部分开的平面，而这个平面所在位置的设定应使距离它最近的正负样本个体尽可能远离这个平面，这样会极大降低错误分类的可能性，使两种样本划分更加明显、精细。具体见图 3-9。

如图 3-9 所示，在此坐标系中，黑色实心圆代表正样本，黑色空心圆代表负样本，虚线为距离最优分类平面最近的平面，位于虚线上的实心圆为正样本中的支持向量，空心圆为负样本中的支持向量。而前文所提到的最优分类平面和虚线的计算公式如式（3-16）~式（3-18）所示。

$$\boldsymbol{w} \cdot x + b = 0 \tag{3-16}$$

$$\boldsymbol{w} \cdot x + b = 1 \tag{3-17}$$

$$\boldsymbol{w} \cdot x + b = -1 \tag{3-18}$$

式中，$\boldsymbol{w}$为法向量；b 为偏置量。

其中所分类样本（x_1，y_1），（x_2，y_2），（x_3，y_3），…应满足式（3-19）中

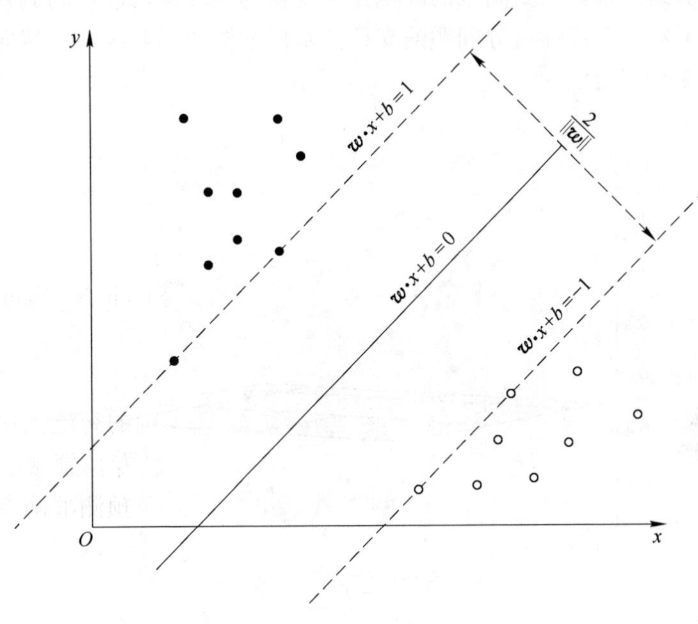

图 3-9 线性 SVM 示意图

的条件。

$$y_i(w \cdot x_i + b) \geqslant 1 \tag{3-19}$$

对于不同样本的支持向量到最优分类平面的距离，可定义为分类间隔，如式（3-20）所示。

$$D = \frac{2}{\| \boldsymbol{w} \|} \tag{3-20}$$

进而求解最优分类平面的难题可转换为求解 $1/D$ 的最小值问题，如式（3-21）所示。

$$y_i(w \cdot x_i + b) \geqslant 1 \tag{3-21}$$

为使问题求解更加容易，导入松弛变量，并通过拉格朗日乘子法将式（3-21）转换成式（3-22）。

$$\begin{cases} \min_{w,b,\xi_i} \dfrac{1}{2} \| \boldsymbol{w} \|^2 + C \sum\limits_{i=1}^{n} \xi_i \\ \text{s.t. } y_i(\boldsymbol{w} \cdot x_i + b) \geqslant 1 - \xi_i \\ \xi_i \geqslant 0, \ i = 1, 2, \cdots, n \end{cases} \tag{3-22}$$

式中，ξ_i 为松弛变量；C 为对分类错误外加的惩罚因子。

3.4.2.2 非线性支持向量机

许多样本不能在二维平面内实现线性可分。为解决这一难题，需要将所要划分的样本映射到三维甚至更高维的环境，实现在高维环境对样本的有效分类，这也就衍生出了对于非线性可分问题的支持向量机的构建。非线性支持向量机的简要原理如图 3-10 所示。

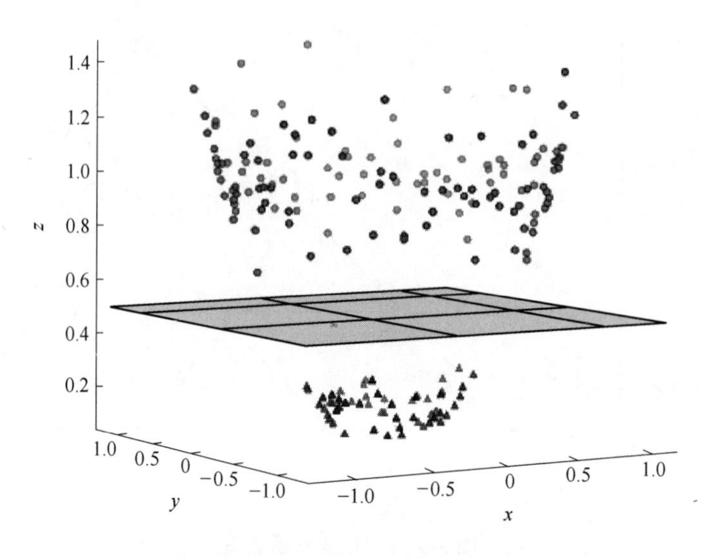

图 3-10　线性 SVM 示意图

图 3-10 中，圆形和三角形代表两种不同类别的样本，需将样本映射到三维空间中，才能找到二者的最优分类平面。因此，需要在原线性 SVM 计算公式的基础上，将原样本坐标转换为在三维空间中的映射向量，转换后如式（3-23）所示。

$$\begin{cases}\min\left[\dfrac{1}{2}\sum_{i=1}^{n}\sum_{j=1}^{n}\lambda_i\lambda_j y_i y_j(\phi(x_i)\cdot\phi(x_j))-\sum_{j=1}^{n}\lambda_i\right]\\ \text{s.t.}\ \sum_{i=1}^{n}\lambda_i y_i=0,\ \lambda_i\geqslant 0,\ C-\lambda_i-\mu_i=0\end{cases}\tag{3-23}$$

式中，λ、μ 为拉格朗日乘子；$\phi(x_i)$、$\phi(x_j)$ 为原样本坐标转换成的高维向量。

因样本高维向量内积计算成本很高，对此引入核函数，转换为核函数的计算，因 RBF 高斯核函数在 SVM 的核函数选取中使用频率较高，并给 SVM 带来了较为优异的性能，因此本书选取 RBF 高斯核函数作为 SVM 的核函数参数，如式（3-24）所示。

$$K(x_i-x_j)=\exp\left(-\frac{\|x_i-x_j\|^2}{2\sigma^2}\right)=\phi(x_i)\phi(x_j)\tag{3-24}$$

式中，σ 为 RBF 高斯核函数带宽。

3.4.3 XGBoost

由于 XGBoost（极端提升决策树）基于决策树实现计算过程，本节将阐述决策树、决策树的分类、XGBoost 的分类过程及优势。决策树以结构、CART 决策树的理论方面作为论述的重点，XGBoost 以分类过程和具有的优势作为论述的重点。

3.4.3.1 决策树

决策树通过树的结构进行数据分类，而每个决策点都包含一个离散输出的函数，函数输出的值体现在决策树的分支之上，决策树的各个部分的结构[154]如图 3-11 所示。

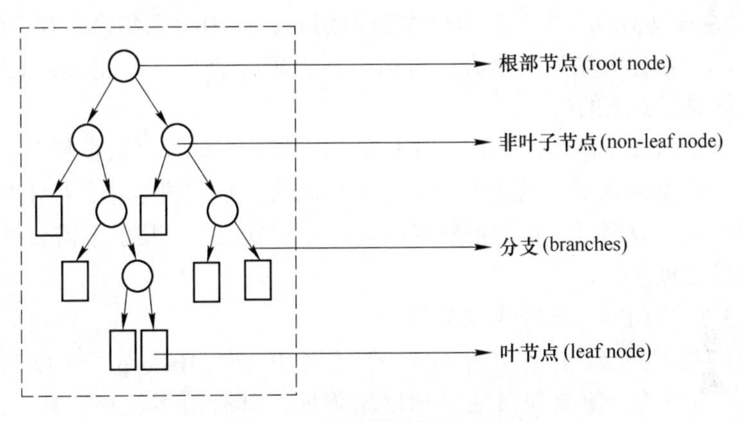

图 3-11 决策树结构示意图

（1）根部节点；

（2）非叶子节点，即决策点，决策点是数据测试属性时所需要的条件；

（3）叶子节点，即数据分类之后的分类标记，每一种标记代表数据的类型；

（4）分支，数据属性测试之后得到的结果由分支分割开来。

3.4.3.2 CART 决策树模型

轴承故障诊断的重点在于诊断轴承的故障类型，而基于故障诊断模型用来判断轴承故障的类型本质上为一个分类的计算过程；分类与回归树（classification and regression tree，CART）可以实现数据的分类计算，通过决策树进行数据属性的不断测试，采用逐渐递归的方式，并利用分叉将数据分割为两类，即原本的样本数据集合经过 CART 决策树处理之后变为两个属性不同的数据集合。当预测的样本数据为离散型时，CART 决策树进行的则为分类过程，此时 CART 称为分类决策树[155]。为了选取最优特征属性的分支节点，CART 分类树通过 Gini 指数来判定分类结果的好坏，其中，Gini 指数的计算公式如下：

$$\mathrm{Gini}(p) = \sum_{k=1}^{K} p_k(1 - p_k) \tag{3-25}$$

$$\mathrm{Gini}(D) = 1 - \sum_{k=1}^{K} \left(\frac{|c_k|}{|D|}\right)^2 \tag{3-26}$$

D 为原始样本数据的集合，在集合 D 中取一特定值 a，借助 a 的特征选取进行划分，由此原始样本数据将被分为两个部分，同时需要计算分类过程的不确定性，不确定性的大小借助 Gini 指数得以计算，其基础公式为：

$$\mathrm{Gain\_Gini}(D,\ A) = \frac{|D_1|}{|D|}\mathrm{Gini}(D_1) + \frac{|D_{21}|}{D}\mathrm{Gini}(D_2) \tag{3-27}$$

式（3-25）~式（3-27）中，K 为样本总类别数；D 为数据集合；D_1 为据分割后的集合；D_2 为数据分割后的集合；Gini(D) 为集合 D 的不确定性；A 为特征集；p_k 为样本点属于 k 类的概率。

本书基于离散型数据的数值，并利用 Gini 指数来计算其数据集合不确定的大小，当 Gini 指数增大时，代表集合的确定性越大，反之则越小；CART 分类决策树在处理离散型数据时，自动把数据归类到叶子节点上，几乎不需要进行数据清洗和缺失值处理。

3.4.3.3 XGBoost 的分类及优势

在数据处理平台中的分布式计算环境中，如 Hadoop、SGE 和 MPI 等，XGBoost 作为高效、便捷和灵活的梯度增强库，具有很多优势，其中，XGBoost 的分类过程如图 3-12 所示。

XGBoost 的改进基于 GBDT，GBDT 支持并行操作，而 XGBoost 同样支持，可以应对多种科学计算的问题；其次，XGBoost 的原理在于梯度提升算法的过程中，目标函数损失的泰勒展开计算取到二阶，此为 XGBoost 的重要优势。相较于 GBDT，XGBoost 的准确度更高，并且应对模型的性能方面，XGBoost 加入了正则化的求解部分，正则化项的引入使得模型避免“过拟合”和“欠拟合”的风险，XGBoost 可以用来做回归分析，也可以用来做分类分析。

本书使用的 XGBoost 具有以下几个优势：

（1）正则化。XGBoost 加入了正则化项，可以预防这诊断模型的过拟合。

（2）并行处理。XGBoost 可以实现并行处理，基于系统设计方面具有并行学习的块结构、减少排序耗时等特点。

（3）高度灵活性。XGBoost 可以自行决定优化目标和评定标准。

（4）缺失值处理。XGBoost 中包含一个处理器，可以应对数值缺失的问题。

（5）剪枝。XGBoost 不会因为出现负损失而停止运行，而是继续分裂下去达到最大深度，再回头进行剪枝，更注重全局。

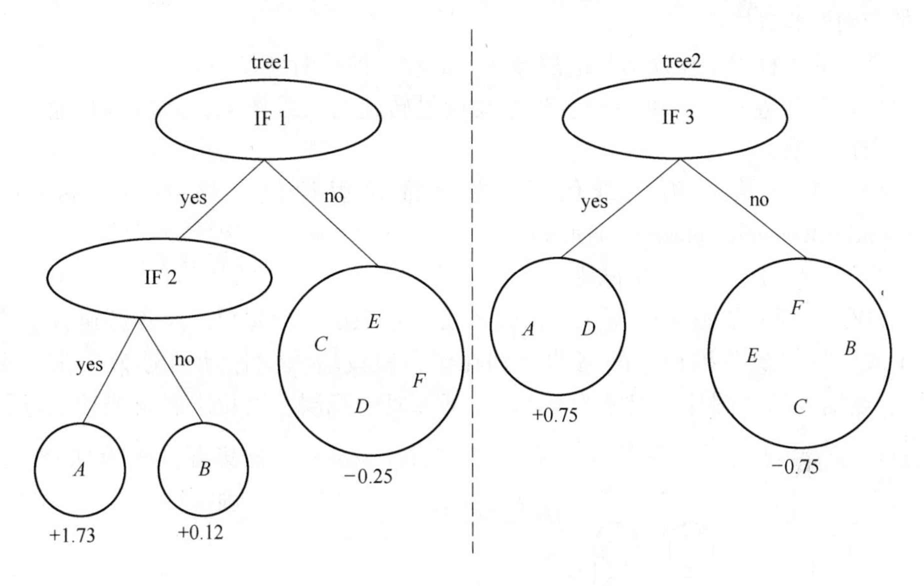

function-score(*D*)=−0.25+0.75=0.5

function-score(*A*)=1.73+0.75=2.48

function-score(*B*)=0.12−0.75=−0.63

图 3-12 XGBoost 的分类

（6）内置交叉验证。能方便获取最优的迭代次数。

3.4.4 一维卷积神经网络

卷积神经网络（convolutional neural network，CNN）广泛应用于图像、语音、文本等各种数据类型的处理和识别，它是一类深度前馈神经网络。CNN 利用卷积层和池化层对输入数据进行处理，并通过全连接层输出结果。卷积层是 CNN 中最重要的组成部分之一。它使用卷积核对输入数据进行卷积运算，提取出输入数据的特征信息。卷积核的大小通常是一个小的矩阵，可以通过学习得到最优的卷积核。

池化层是用来缩减特征图的大小，减少计算量。最大池化和平均池化是常见的池化方式，它们分别选择局部区域中的最大值或平均值作为输出。通过池化层的操作，可以降低特征图的大小，减少计算量，同时可以保留输入数据的主要特征。除了卷积层和池化层，CNN 还包括全连接层和激活函数。全连接层将卷积层和池化层中的特征图连接到一个向量中，并使用 softmax 激活函数将结果映射到分类标签上。

卷积神经网络的优点是可以自动提取特征，从而减少手工提取特征的工作量。同时，CNN 还具有良好的扩展性，可以通过增加卷积层和池化层来提高模型的准确性和鲁棒性。

常见的两种用于振动信号的故障诊断的卷积神经网络方法为：

（1）二维卷积，二维卷积会将振动信号转化为二维图像，之后将其输入网络中进行诊断；

（2）输入直接为一维信号，即一维卷积神经网络（one dimension convolutional neural network，1DCNN）。

3.4.4.1　1DCNN 模型概述

1DCNN 模型如图 3-13 所示，由输入层、卷积层、池化层、全连接层及分类器组成，与传统卷积神经网络的区别在于，假设输入的振动信号为一张“图片”，则输入的“图片”尺寸为 $w \times 1$。下面对卷积层、池化层和全连接层进行说明。

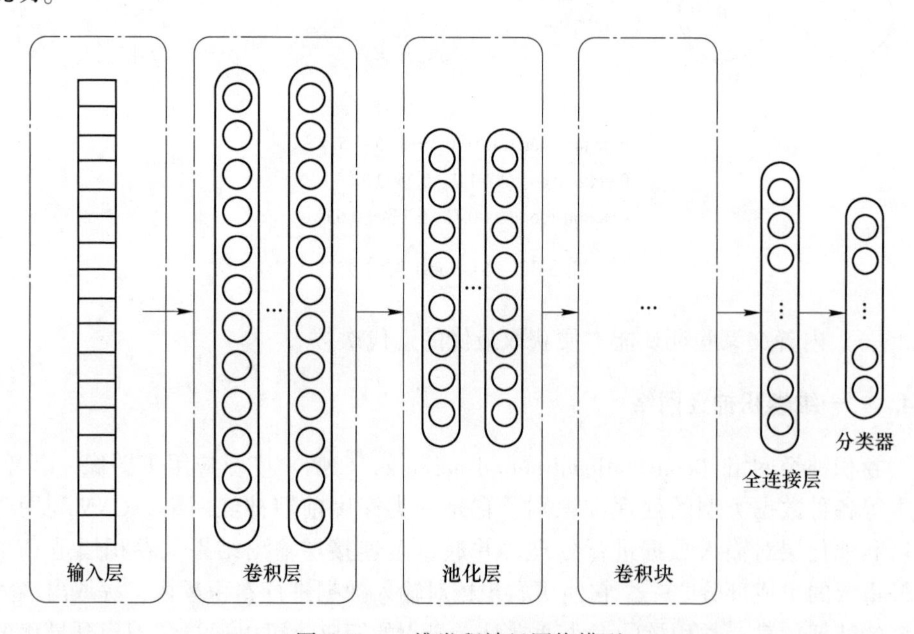

图 3-13　一维卷积神经网络模型

（1）卷积层。卷积层将输入数据（通常是图像）进行卷积操作，提取其中的特征，将其映射到下一层进行处理，同时减小数据的维度。卷积操作包括使用一个可训练的卷积核进行卷积操作以处理输入数据，并得到数据中的局部特征。卷积核是卷积神经网络中需要训练的参数之一。对于输入的信号，利用一维卷积核进行卷积，输出结果为：

$$s(n) = (f \times g)[n] = \sum_{m=0}^{N-1} f(m)g(n-m) \tag{3-28}$$

式中，N 为输入信号的长度；$s(n)$ 为卷积结果序列。

（2）池化层。通常紧跟着卷积层，用于减小特征图的尺寸和数量，从而减少网络参数和计算量。最大池化和平均池化是池化操作的常见方式。最大池化通常是在固定大小的池化窗口内找到最大值作为该区域的池化结果，从而使得特征图的大小减半。平均池化则是在固定大小的池化窗口内计算平均值，同样可以缩小特征图的尺寸。

（3）全连接层。全连接层将前一层和当前层的所有神经元连接。每个连接都有一个权重，也就是权重矩阵，而且每个神经元的权重都不同，所以全连接层的训练过程中需要学习到每个权重的最优值。其权重为 w，偏差为 b，f 为激活函数，对于输入 X，输出为：

$$\text{output} = f(wX + b) \tag{3-29}$$

3.4.4.2 目标函数

目标函数通常是代价函数，也称为损失函数。例如，对于图像分类问题，交叉熵是一种常用的代价函数，它可以衡量模型预测的类别与真实类别之间的差异。优化算法会尝试通过调整神经网络的权重和偏差，最小化代价函数的值，从而提高模型的准确性和泛化能力。平方误差损失函数及交叉熵损失函数两种目标函数公式如下：

$$L = \text{MSE}(y,\ y') = \frac{1}{M}\sum_{m=1}^{M}\frac{1}{2}\sum_{j}\ (y_{m(j)} - y'_{m(j)})^2 \tag{3-30}$$

$$L = H(y,\ y') = -\frac{1}{M}\sum_{m=1}^{M}\sum_{j} y_{m(j)}\lg y'_{m(j)} \tag{3-31}$$

式中，M 为每个批次的数据量大小；$y_{m(j)}$ 和 $y'_{m(j)}$ 分别为实际输出和目标输出。

在机器学习中，常使用交叉熵函数作为 softmax 分布的负对数似然函数，用于比较实际与目标输出之间的差异。对于神经网络的训练，交叉熵函数也可以表示为批次数据中每个数据样本输出误差的平均值，即目标输出与实际输出之间的差距。

激活函数的选择：在神经网络中，激活函数是一种非线性函数，用于将神经元的输入转换为输出。激活函数的选择会直接影响神经网络的表达能力和学习速度。一般而言，sigmoid 函数对输入有饱和性，容易出现梯度消失问题；ReLU 函数对负数输入输出为 0，可能出现“死神经元”问题；tanh 函数对于 0 点对称，但在输入大于 2 或小于-2 时，梯度会变得很小，同样会出现梯度消失问题。因此，在选择激活函数时需要根据具体任务和网络结构进行综合考虑。

常见的神经网络激活函数包括 sigmoid、tanh、ReLU 等类型，如图 3-14 所示。它们的计算公式见表 3-2。

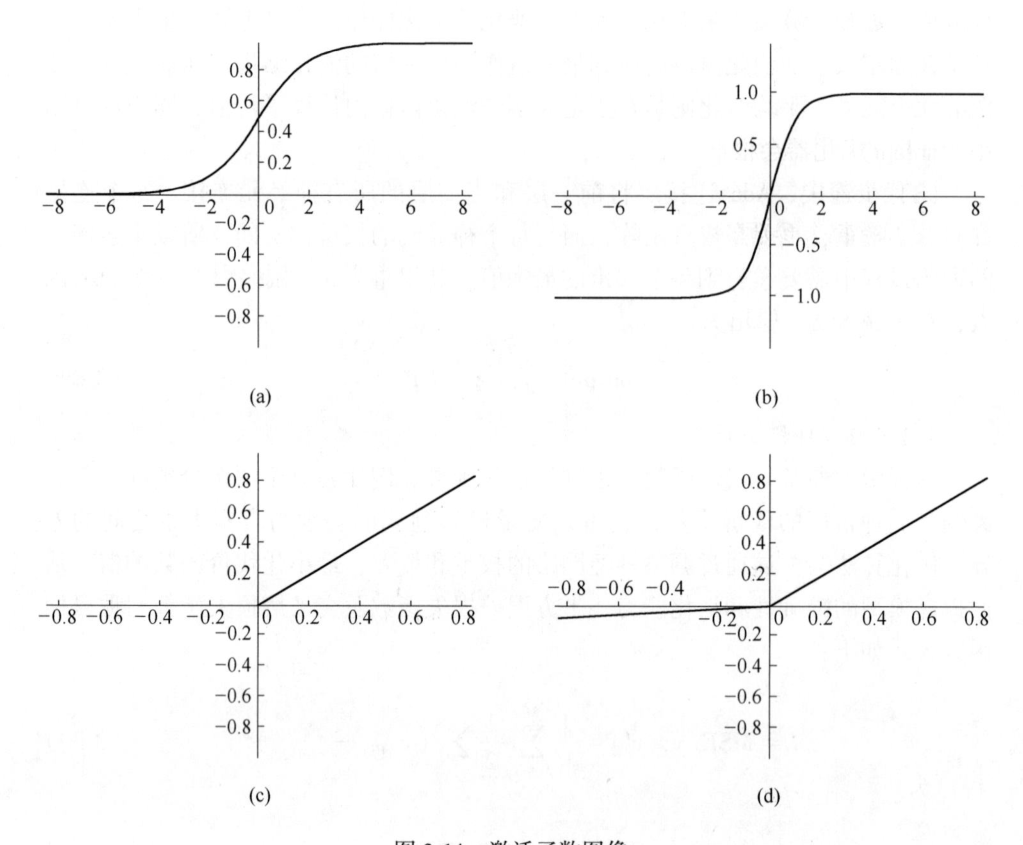

图 3-14　激活函数图像

（a）sigmoid 函数；（b）tanh 函数；（c）ReLu 函数；（d）leaky ReLu 函数

表 3-2　激活函数公式

激活函数	激活函数公式	对应导数公式
sigmoid	$f(x) = \dfrac{1}{1+\exp(-x)}$	$f'(x) = f(x)(1-f(x))$
tanh	$f(x) = \dfrac{1-e^{-2x}}{1+e^{-2x}}$	$f'(x) = 1-(f(x))^2$
ReLU	$f(x) = \max(0,\ x) = \begin{cases} 0 & x \leqslant 0 \\ x & x > 0 \end{cases}$	$f'(x) = \begin{cases} 0 & x \leqslant 0 \\ 1 & x > 0 \end{cases}$
sin	—	cos

sigmoid 是单调连续函数，但具有软饱和性，容易产生梯度消失问题；tanh 函数的输出值处于（-1，+1）区间，但也存在饱和性和梯度消失问题；sin 函数

则缺乏广泛应用。相比之下，ReLU 函数在输入为正时具有非常大的导数，避免了梯度消失的出现。

3.4.4.3　Adam 优化器

Adam（adaptive moment estimation）是一种自适应学习率的优化算法，它适用于大规模数据和高维参数空间。

Adam 优化器会根据梯度的均值和梯度平方的均值来更新参数的学习率。在每个迭代步骤中，Adam 优化器会计算当前梯度的均值和平方均值，并根据这些估计来调整每个参数的学习率，从而更加高效地更新参数。Adam 优化器被认为是一种快速且稳定的优化器，广泛应用于各种深度学习任务中。

具体来说，Adam 算法的更新公式如下：

$$m_t = \beta_1 m_{t-1} + (1 - \beta_1) g_t \tag{3-32}$$

$$v_t = \beta_2 v_{t-1} + (1 - \beta_2) g_t^2 \tag{3-33}$$

$$\widetilde{m}_t = \frac{m_t}{1 - \beta_1^t} \tag{3-34}$$

$$\hat{v}_t = \frac{v_t}{1 - \beta_2^t} \tag{3-35}$$

$$\theta_{t+1} = \theta_t - \alpha \frac{\widetilde{m}_t}{\sqrt{\hat{v}_t} + \varepsilon} \tag{3-36}$$

式中，m_t 和 v_t 分别为参数梯度的均值和梯度的平方的均值；g_t 为当前的梯度，$\widetilde{m}_t$ 和 $\hat{v}_t$ 为对一阶矩和二阶矩的偏差修正估计；β_1 和 β_2 为衰减系数，一般取值为 0.9 和 0.999；α 为学习率；ε 为一个小数值，用来防止分母为 0。Adam 算法的主要优点在于可以自适应地调整学习率，适用于各种不同的梯度大小、稀疏性和噪声情况。同时，Adam 算法也具有较快的收敛速度和较好的鲁棒性，使得它成为深度学习中最常用的优化算法之一。

Dropout 正则化：Dropout 是一种常用的神经网络正则化方法，旨在减少神经网络的过拟合现象。其原理是在训练神经网络时，随机选择一部分神经元不参与计算，这些被随机舍弃的神经元在训练过程中不更新权重，但在预测时会将所有神经元都考虑进去。这样做的好处是能够减少神经元之间的复杂关系，促进不同神经元之间的独立性，从而减少过拟合。在实际应用中，Dropout 通常被放置在神经网络的全连接层之间，其超参数是 Dropout 率，即在训练过程中舍弃的神经元比例。通常建议在输入层设置较小的 Dropout 率，而在隐含层设置较大的 Dropout 率。

分类器层：分类器层是深度学习模型的最后一层，用于将模型学习到的特征映射转化为最终的分类结果。在分类器层中，一般使用一些分类算法，如逻辑回归、支持向量机、决策树等，将模型的输出结果映射到预定义的分类标签上。通常会选择使用 softmax 函数对故障状态进行分类。

3.4.5　深度残差收缩网络

深度残差收缩网络（deep residual shrinkage network，DRSN）是一种用于图像分类任务的深度卷积神经网络模型。它在 ResNet 模型的基础上引入了收缩模块和残差模块，通过增加深度和层级结构，提高了模型的性能和泛化能力。

DRSN 网络由多个层级组成，每个层级包含一个或多个收缩模块和残差模块。收缩模块通过降低特征图的分辨率来减小计算量，并增加特征图的深度和有效感受野。残差模块是为了解决深度网络中的梯度消失和梯度爆炸问题。

具体来说，收缩模块通过先对输入特征图进行一个步长为 2 的卷积操作，然后再进行一个卷积操作，将特征图的深度加倍。残差模块则通过引入跳跃连接和残差块的结构，使得模型在深度增加的情况下能够保持较高的准确率。

在训练过程中，DRSN 采用了权重衰减和 Dropout 等技术来防止过拟合的发生，同时使用了学习率衰减和动量优化算法来加速训练和提高收敛速度。实验结果表明，DRSN 在图像分类任务上具有较高的性能和泛化能力，并且可以有效地避免模型退化问题。

假设所需解决方案的映射是 $H(a^1)$，这个问题就转化为求解网络的残差映射函数 $F(a^1)$，其中 $F(a^1) = H(a^1) - a^1$。与 ReLU 函数相比，采用软阈值法可以更好地设定特征值的范围。在残差收缩网络中，采用注意机制自动调节的，根据样本本身的情况确定阈值。深度残差收缩网络结构的参数为：a^1 输入的大小为 $C \times W$，a^{l+1} 的软阈值由隐层 1 后的 ReLU 函数作为隐层 2 的输入，加上残差项 $F(a^1)$ 得到输出 a^{l+2}。其中各层的输出如下：

$$a^{l+1} = \mathrm{ReLU}(w^{l+1}a^l + b^{l+1}) \tag{3-37}$$

$$a' = w^{l+2}\mathrm{ReLU}(w^{l+1}a^l + b^{l+1}) + b^{l+2} \tag{3-38}$$

$$a^s = \begin{cases} a' - a & a' > a \\ 0 & -a \leqslant a' \leqslant a \\ a' + a & a' > a \end{cases} \tag{3-39}$$

$$a^{l+2} = a^s + F(a^l) \tag{3-40}$$

DRSN 的优点是：

（1）更深的网络结构。相较于传统的卷积神经网络，DRSN 可以拥有更深的网络结构，从而获得更强大的特征提取和分类能力。

（2）残差学习。DRSN 采用了残差学习的思想，能够使网络更容易地学习到目标函数。残差学习可以解决梯度消失和梯度爆炸的问题，并且可以加速网络的训练过程。

（3）深度收缩。DRSN 采用了深度收缩的策略，减小了计算量，从而提高网络的计算效率。

（4）多分辨率特征提取。DRSN 采用了多分辨率特征提取的方法，可以有效地提取不同尺度下的特征，并且具有较好的分类性能。

DRSN 的缺点为：

（1）参数调整困难。DRSN 拥有更深的网络结构，因此需要更多的参数进行调整和优化，这可能导致训练过程变得更加困难。

（2）过拟合。DRSN 的深度和复杂性可能会导致过拟合问题，需要采用适当的正则化方法进行缓解。

（3）训练时间较长。由于 DRSN 拥有更深的网络结构和更多的参数，因此需要更长的训练时间来完成网络的训练过程。

3.4.5.1 残差网络

残差网络（residual network，ResNet）由何凯明等人于 2015 年提出，属于一种深度神经网络结构。

残差网络的核心思想是通过跨层连接，引入残差块（residual block）来解决深层网络的退化问题。在传统的深层神经网络中，由于层数的增加，信息的传递变得困难，会导致网络性能的下降。而残差网络通过将当前层的输入与前一层的输出相加，构建出残差块，从而使信息得到有效的传递。

具体来说，残差块中的跨层连接将前一层的输出直接加到当前层的输出中，构成了当前层的残差。这样，在后续的层中，模型可以通过增加或减少残差块的个数，从而控制信息的传递和减少梯度消失问题，提高网络的表达能力和性能。

除此之外，残差网络还提出了“预激活”（pre-activation）的概念，即在每个残差块中先进行 BN 层、激活函数，再进行卷积操作。这种结构可以缓解梯度消失问题，并提高网络的收敛速度。

残差块的引入使得网络可以更加深层次地进行训练，而且准确率也得到了提升。在 ResNet 中，不仅仅只有一种残差块结构，还有其他多种不同的结构，以便更好地适应不同的网络任务。残差网络的一种基本模块如图 3-15 所示。

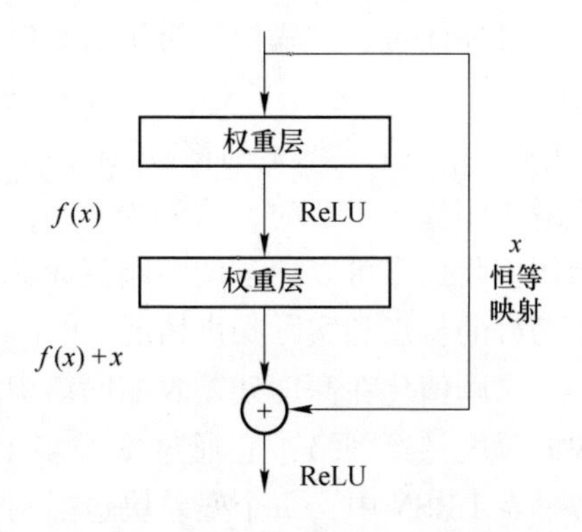

图 3-15 残差网络基本模块

将输入 x 映射到理想映射 $f(x)$，如图 3-16 所示。左图虚线框中的部分需要直接拟合 $f(x)$，而右图虚线框中的部分需要拟合出恒等映射 $f(x)-x$ 的残差映射。残差映射通常更易优化。

残差网络在深度神经网络中解决了梯

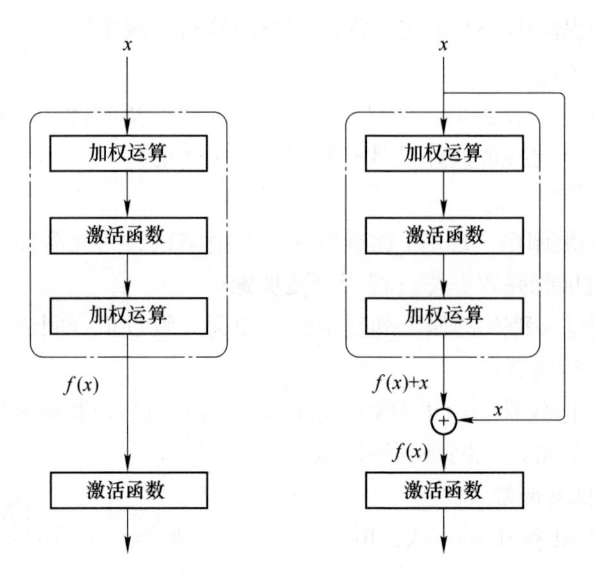

图 3-16　直接拟合、恒等映射

度消失和梯度爆炸等问题，使得网络可以更加深层次地进行训练，从而得到更好的效果。目前，残差网络已经成为许多领域中的标配，例如图像分类、物体检测、图像分割等。

3.4.5.2　软阈值化

软阈值化（soft thresholding）是一种常用的信号处理方法，常用于信号去噪和稀疏表示等领域。其主要思想是对信号的小幅度分量进行压缩，从而达到去噪或者稀疏的效果。软阈值化方法通常是基于信号的小波变换或者稀疏表示，将信号的幅值与一个预设的阈值进行比较，如果幅值小于阈值，则将其压缩为零，如果幅值大于阈值，则保留其原始幅值并减去阈值，从而达到对信号的压缩效果。软阈值化方法在信号处理中应用广泛，具有较好的效果和可解释性。

具体而言，软阈值化对于给定信号 x，其软阈值化运算 $S_\lambda(x)$ 可表示为：

$$S_\lambda(x) = \text{sign}(x) \cdot \max(|x| - \lambda, 0) \tag{3-41}$$

式中，$\text{sign}(x)$ 表示 x 的符号；λ 为给定的阈值。该式中的 max 函数表示当信号幅值减去阈值小于 0 时，将其设为 0，而大于 0 时，将其保留并进行缩小。因此，软阈值化操作可以通过调整阈值 λ 来控制信号的去噪效果，通常情况下，λ 取决于信号的特点和实际噪声情况。

软阈值化在深度残差收缩网络中得到了广泛的应用。DRSN 是一种基于残差块的深度神经网络，它通过堆叠多个残差块实现了端到端的特征学习和分类任务。在 DRSN 中，每个残差块包括两个卷积层和一个残差连接，其中第一个卷积层用于提取特征，第二个卷积层用于将提取的特征映射到类别空间。为了进一步减少模型参数和提高模型的鲁棒性，DRSN 引入了软阈值化技术，对残差块的输出进行压缩和稀疏化，从而达到降噪和精简模型的效果。实验证明，与传统的残差网络相比，DRSN 在准确率和模型大小上都有了明显的提升。

3.4.5.3　注意力机制

注意力机制是一种能够自适应地对不同输入进行加权处理的方法，近年来在深度学习领域中得到了广泛的应用。

A　注意力机制的概念

注意力机制是一种针对输入的加权处理方法，主要是通过计算输入元素的重要性，进而对输入的不同部分进行加权，从而得到更有针对性的输出结果。注意力机制最初是被用于图像标注和机器翻译等任务，但是随着其在语音识别等领域中的应用，其概念和方法也得到了更深层次的研究和扩展。

B　注意力机制的种类

目前，根据不同的应用场景和需求，注意力机制可以分为以下几种：

（1）点积注意力机制。点积注意力机制是最简单的一种注意力机制。该方法常常被用于自然语言处理中，用于计算文本之间的相关性，并获取文本中的关键信息。点积注意力机制在计算上较为简单，但是其容易出现数值不稳定和梯度消失的问题，因此在实际应用中需要进行优化和改进。

（2）加性注意力机制。它通过将输入元素通过不同的线性映射变换到一个共同的向量空间中，并计算它们之间的相似度，从而得到注意力权重。相比于点积注意力机制，加性注意力机制的计算更加稳定和可控，因此被广泛应用于自然语言处理和图像处理等领域。

（3）多头注意力机制。多头注意力机制是一种将多个注意力机制组合起来的方法，它可以同时对多个不同的输入元素进行加权处理，从而提高了模型的表达能力和泛化能力。多头注意力机制被广泛应用于自然语言处理领域中，特别是在机器翻译和语音识别等任务中。

3.4.6　随机森林理论

随机森林（random forest，RF）是一种集成学习算法，由多个决策树构成，通过投票或平均等方式综合决策树的结果。该算法由 Leo Breiman 和 Adele Cutler 于 2001 年提出，是一种高效的分类和回归方法。

随机森林的构建过程可以分为两个阶段，分别是森林的生成和分类或回归。森林的生成是通过随机选择有放回抽样（bootstrapping）生成多个训练集，同时对每个训练集进行随机特征选择。这样得到的子训练集和子特征集用于生成决策树，这些决策树构成了随机森林。分类或回归阶段时，对于新的样本，随机森林会对其进行多个决策树的分类或回归，然后将结果进行投票或平均等方式综合得出最终结果。随机森林的结构如图 3-17 所示。

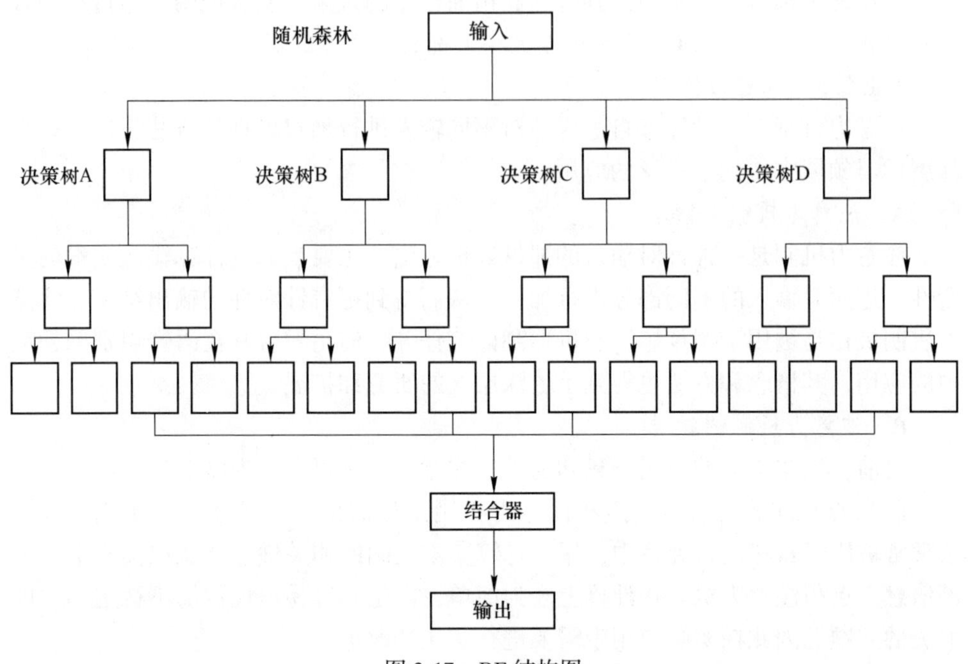

图 3-17　RF 结构图

基本步骤如下：

(1) 随机选择一个样本子集作为训练集，同时对特征随机取样（即随机选取一部分特征）。

(2) 基于随机选择的样本子集和特征子集建立决策树。

(3) 重复步骤（1）和（2）多次，得到多个决策树。

(4) 预测时，将未分类的样本输入决策树，得到每个决策树的分类结果。

(5) 然后通过投票或者取平均值等方式来得到最终的分类结果。

随机森林的分类效果受到多个因素的影响。首先，决策树的多少和深度会影响分类效果。较少的树和过深的树都会导致过拟合，而适当的树的数量和深度能够提高分类效果。其次，随机森林中的特征选择方法也会影响分类效果。如果选用的特征与数据集的关系不紧密或者相关性较高，则分类效果会受到影响。此外，随机森林的分类效果还会受到数据集的质量和数量、参数的选择等因素的影响。因此，在实际应用中，需要根据具体情况选择合适的参数和特征选择方法，以提高随机森林的分类效果。

随机森林的优点如下：

(1) 随机森林是一种高度灵活的方法，可以用于分类和回归等任务。

（2）随机森林对特征的缩放和归一化不敏感。

（3）随机森林不容易出现过拟合现象，因为它的随机特征子集和随机样本子集可以减少过拟合的可能。

（4）随机森林可以评估特征的重要性，可以通过这个方法来筛选有用的特征。

（5）随机森林可以处理缺失数据，可以保持较高的准确率，即使有很大一部分数据缺失。

随机森林算法的主要思想是采用 bootstrap 采样和随机特征选择两种方法降低模型方差，增强模型的泛化性能，同时不会牺牲太多模型的偏置性能。对于分类问题，随机森林可以采用投票机制，对每棵决策树的分类结果进行统计，得出最终结果。对于回归问题，随机森林可以采用平均法，对每棵决策树的回归结果进行统计，得出最终结果。

3.4.7 长短期记忆理论

在时序数据的特征提取任务中，卷积神经网络性能达到了瓶颈，循环神经网络（RNN）应运而生。RNN 最大的特点是添加了隐藏层之间的连接，这使得神经元除了接收当前时刻的信息，还有历史信息，这与时序任务利用过去信息预测未来信息的思路十分相似。与卷积神经网络不同，循环神经网络通过不同的权重实现不同时刻数据对当前时刻输出的影响。

虽然循环神经网络（RNN）可以处理序列数据并将过去的信息传递到当前时间步，但它也存在一些限制。其中一个主要的限制是，RNN 的历史数据依赖关系只是短期的。也就是说，当时间间隔较大时，过去的信息会逐渐被遗忘或消失，导致与当前时间步的信息关联度变弱。这意味着，如果要对未来的事件进行准确的预测，RNN 可能会受到此限制的影响。

因此，需要一种能够长期记忆信息的模型，借此 1997 年提出了长短期记忆网络（long short term memory network，LSTM）。LSTM 是对 RNN 在神经元的内部结构上进行改进。普通的循环神经网络的神经元仅包含一个 tanh 函数，而在 LSTM 中，神经元引入了三个门控激活函数：输入门、输出门及遗忘门。LSTM 的神经元结构如图 3-18 所示。

图 3-18 中，i_t、f_t、o_t 分别表示输入门、遗忘门和输出门。输入门负责决定哪些信息将通过当前时间步的输入进入模型。输入门根据当前时间步的输入和前一个时间步的隐藏状态计算一个介于 0 和 1 之间的值，该值可以看作是当前时间步的输入有多少是应该被保留的。这个值越接近 1，表示输入的信息越重要，越接近 0 则表示这个输入的信息不重要。

遗忘门是一个控制是否忘记之前状态的门控机制。它使用 sigmoid 激活函数

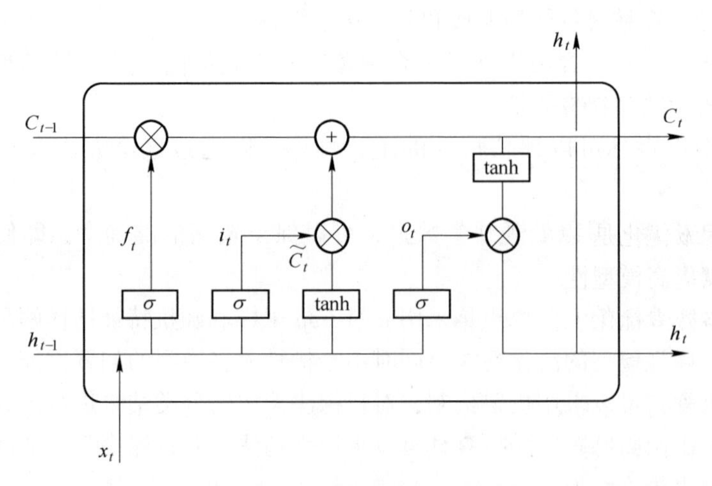

图 3-18 LSTM 神经元结构

将前一状态和当前输入连接起来，输出值在 0 和 1 之间，表示保留多少前一状态的信息。当输出值为 1 时，所有前一状态信息都被保留；当输出值为 0 时，所有前一状态信息都被遗忘。

输出门决定了当前时刻的内部状态有多少信息会被输出，当前时刻的输入 x_t 、来自上一时刻的内部状态 C_{t-1} 和上一时刻的输出 h_{t-1} 。LSTM 工作的第一步是决定丢弃哪些信息，由遗忘门对上一时刻的输出 h_{t-1} 和当前时刻的输入 x_t 进行处理，表达式如下：

$$f_t = \sigma(W_f \cdot [h_{t-1}, x_t] + b_f) \tag{3-42}$$

式中，W_f 为遗忘门权值；b_f 为遗忘门偏置；σ 为 sigmoid 函数。

第二步是单元状态需要存储哪些新信息，由输入门对上一时刻的输出 h_{t-1} 和当前时刻的输入 x_t 进行处理，然后新的状态 C_t 需要由遗忘门输出 f_t、上一时刻的内部状态 C_{t-1} ，输入门输出 i_t 和候选状态 $\widetilde{C}_t$ 计算得到。表达式如下：

$$i_t = \sigma(W_i \cdot [h_{t-1}, x_t] + b_i) \tag{3-43}$$

$$\widetilde{C}_t = \tanh(W_c \cdot [h_{t-1}, x_t] + b_c) \tag{3-44}$$

$$C_t = f_t * C_{t-1} + i_t * \widetilde{C}_t \tag{3-45}$$

式中，W_i 为输入门权值；b_i 为输入门偏置；σ 为 sigmoid 函数；W_c 为状态单元权值；b_c 为状态单元偏置；tanh 为 tanh 函数。

最后需要决定网络的输出值，由输出门对上一时刻的输出 h_{t-1} 和当前时刻的输入 x_t 进行处理，然后结合当前时刻的内部状态 C_t 得到输出 h_t 。输出门输出 o_t 和输出 h_t 表达式如下：

$$o_t = \sigma(W_o \cdot [h_{t-1}, x_t] + b_o) \tag{3-46}$$

$$h_t = o_t * \tanh(C_t) \tag{3-47}$$

式中，W_o 为输出门权值；b_o 为输出门偏置；σ 为 sigmoid 函数；tanh 为 tanh 函数。

3.4.8 网格搜索优化

网格搜索优化是一种用于寻找机器学习模型中最佳的超参数组合的超参数优化方法，以提高模型性能。

在网格搜索优化中，首先需要指定要优化的超参数及其取值范围。然后，将所有超参数的可能取值组合成一个网格，每个网格点对应一个超参数组合。接下来，对于每个超参数组合，都训练一个模型并评估其性能。最后，选取性能最好的超参数组合作为最终模型的超参数。

假设要优化一个支持向量机模型的两个超参数 C 和 gamma。可以将 C 的取值范围设置为［0.1，1，10］，将 gamma 的取值范围设置为［0.001，0.01，0.1］，则可以得到一个 6 个网格点的网格。接下来，对每个网格点上的超参数组合分别训练一个支持向量机模型，并评估性能。最后，选取性能最好的超参数组合作为最终模型的超参数。

网格搜索优化可以有效地帮助我们找到模型的最佳超参数组合，但也存在一些缺点。例如，在超参数空间较大时，网格搜索优化的计算量会很大，需要耗费大量时间和计算资源。此外，网格搜索优化也容易陷入局部最优解，因为它只考虑了预定义的超参数组合，而没有考虑超参数之间的交互影响。因此，一些更高级的超参数优化方法，如贝叶斯优化等，可以在一定程度上解决这些问题。

3.5 实验仿真环境与数据来源

3.5.1 凯斯西储滚动轴承故障数据集

本书所使用的不同类型轴承故障的实验数据来自凯斯西储大学（CWRU）电气工程实验室所实测出的滚动轴承振动信号数据[156]。实验装置如图 3-19 所示，该实验台由一个电机、一个扭矩传感器/编码器、一个测量功率机器和电子控制设备（未显示在图中）构成。

该滚动轴承实验平台装置主要由电机、转矩传感器和功率计三部分组成，其轴承型号为深沟球轴承 SKF 6205，故障损伤为电火花加工单点损伤。滚动轴承运行状态包括正常（N）、内圈故障（IF）、外圈故障（OF）和滚动体故障（BF），数据集包含三种故障的损伤直径 0.007 in、0.014 in、0.021 in（1 in=25.4 mm），电机存在 0 hp、1 hp、2 hp、3 hp（1 hp=745.70 W）四种载荷条件。故障数据

图 3-19 凯斯西储大学滚动轴承故障实验装置

集由 12 kHz 和 48 kHz 频率下的驱动端轴承故障数据，以及 12 kHz 频率下的风扇端轴承故障数据组成，其中 DE _ time 表示驱动端的振动加速度时序数据，FE _ time 表示风扇端的振动加速度时序数据，BA _ time 表示基座的振动加速度时序数据。

3.5.2 SpectraQuest 滚动轴承故障数据集

北京建筑大学实验室搭建的 SpectraQuest 滚动轴承故障诊断实验台，如图 3-20 所示，该平台可以实现各类滚珠轴承、滚柱轴承的故障诊断和旋转部件疲劳退化实验。实验台包括交流电动机、电机速度控制中心、支撑轴、测试轴承、磁粉制动器、扭矩传感器等，数据采集传感器选用美国 PCB 公司的 622B01 型 ICP 传感器，安装位置如图 3-21 所示。测试轴承为 6105-SKF 深沟球轴承，如图 3-22 所示。

图 3-20 SpectraQuest 故障诊断实验台

采集数据时，将外圈传感器放置在轴承右侧方向，采样频率为 48 kHz，转速 1750 r/min。

图 3-21 622B01 型 ICP 传感器

图 3-22 6105-SKF 深沟球轴承

3.5.3 辛辛那提大学滚动轴承全寿命周期数据

辛辛那提大学系统中心的滚动轴承全寿命周期数据[157]实验台由四个被测的滚动轴承及一个 AC 电动机构成，26.7 kN 的径向载荷作用于轴承上，通过传感器收集各轴承的振动信号加速度，采样时长为 1 s，并且每隔 10 min 采集一次，实验台示意图如图 3-23 所示，轴承型号、采样频率、电机转速等相关参数如表 3-3 所示。

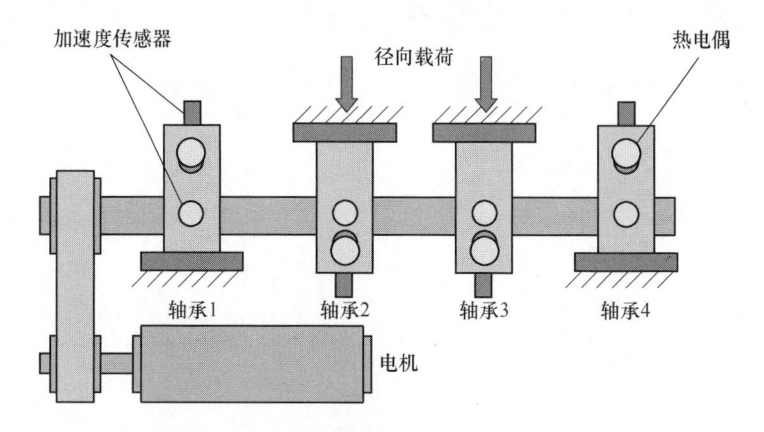

图 3-23 辛辛那提大学轴承实验台示意图

表 3-3 滚动轴承相关参数

轴承型号	电机转速 /(r·min⁻¹)	传感器型号	采样频率 /Hz	采集卡型号	采样点数
Rexnord ZA-2115	2000	PCB 353B33	20000	DAQ-6062E	20480

每次都进行 4 个滚动轴承的测试实验，当其中某一个轴承被损坏时，立即停止实验，因此每次实验数据都为全生命过程振动信号数据，共产生了 3 组数据，实验结果如表 3-4 所示。

表 3-4　实验结果详情

数据集组数	样本长度	损坏轴承	损坏位置
数据集 1	2156	轴承 3	内圈损坏
		轴承 4	滚动体损坏
数据集 2	984	轴承 1	外圈损坏
数据集 3	6324	轴承 3	外圈损坏

由于数据集 1 和数据集 3 的样本数量过于庞大，会造成计算分析时间的大幅度增加以及准确率的降低，因此本书选取数据集 2 中轴承 1 从正常运转到因外圈损坏而失效的 984 组实验数据进行退化样本的分析。

4 信号处理和特征提取过程

本章将对滚动轴承 PHM 中最为关键的环节——滚动轴承的振动信号处理及特征提取过程进行介绍，所用技术和方法的好坏将直接关乎后续的滚动轴承故障诊断、健康状态评估的准确率及所花费时间的长短。因此，滚动轴承信号存在大量噪声干扰，造成特征提取不准确，以及特征众多难以选取的问题，倘若一一计算将会产生巨大计算量。

4.1 信号降噪处理

4.1.1 局部均值分解过程

大多数情况下，轴承信号多为非平稳的，而常规滤波器并不能有效地处理非平稳信号[158]，局部均值分解（LMD）方法是基于时-频域的自适应的信号处理分析方法[148]，其本质在于将原始信号分解为若干个分量和残余值。LMD 信号处理方法具体的流程如下：

（1）首先选取包含大量噪声的原始信号 $s(t)$ ，寻找原始信号中连续的极值 $m_{k,c}$ 和 $m_{k,c+1}$ ，并计算邻近极值间的局部均值 $n_{i,k}$。其中，用 c 代表极值点的相序数，求解极值过程的总次数用 k 代表，分解完成的 PF 分量则用 i 代表；再按照顺序求解相邻的极值差得到局部包络值，局部包络值和平均值的计算公式为：

$$n_{i,k,c} = \frac{m_{k,c} + m_{k,c+1}}{2} \tag{4-1}$$

$$a_{i,k,c} = \frac{m_{k,c} + m_{k,c+1}}{2} \tag{4-2}$$

（2）移动平均法用于连续函数的平滑处理，而本书的连续函数通过局部包络函数 $a_{i,k}(t)$ 和局部均值函 $n_{i,k}(t)$ 计算而得到，两者之间的连续取值即构成新的连续函数，将此连续函数使用移动平均法加以处理。

（3）去除局部均值函数以后得到 $h_{i,k}(t)$ ，再通过 $a_{i,k}(t)$ 进行解调得到调频函数 $z_{i,k}(t)$ ：

$$h_{i,k}(t) = s(t) - n_{i,k}(t) \tag{4-3}$$

$$z_{i,k}(t) = \frac{h_{i,k}(t)}{a_{i,k}(t)} \tag{4-4}$$

(4) 用局部包络函数 $a_{i,k}(t)$ 接近 1 的程度来判断调频函数 $z_{i,k}(t)$ 能满足纯调频信号的条件，一般地，用 $1-\delta \leqslant a_{i,k}(t) \leqslant 1+\delta$ 的条件用来判断局部包络函数 $a_{i,k}(t)$ 能否满足纯调频信号。δ 是预先确定好的一个较小参数，当条件满足时计算乘积函数；若条件不满足，则令 $a_{i,k}(t)$ 乘 $a_{i,k}(t)$ 后返回第一步。当条件满足时得到纯调频信号 $z_{i,k}(t)$ ，纯调频函数 $z_{i,k}(t)$ 在负 1 到正 1 范围内的包络信号 $a_{i,k}(t)=1$。当 $a_{i,k}(t)$ 接近 1 时，将局部包络函数 $a_{i,k}(t)$ 相乘，$a_i(t)$ 为包络信号，q 为最后循环次数：

$$a_{i,k}(t)=a_{i,1}(t)*a_{i,2}(t)*\cdots*a_{i,q}(t)=\prod a_{i,j}(t) \tag{4-5}$$

(5) 计算乘积函数 $PF_i(t)$ ，乘积函数 $PF_i(t)$ 的计算过程为包络信号 $a_i(t)$ 和纯调频信号 $z_{i,q}(t)$ 做乘法计算，得到乘积函数 $PF_i(t)$ 之后再用其再减去原始信号 $s(t)$ 即为剩余信号 $u_i(t)$ 。步骤 (1)~(5) 反复计算多次，当极值点未知或剩余一个单调函数时，停止上述计算。

$$PF_i(t)=a_i(t)^*z_{i,q}(t) \tag{4-6}$$

$$u_i(t)=s(t)-PF_i(t) \tag{4-7}$$

$$\begin{cases} u_1(t)=s(t)-PF_1(t) \\ u_2(t)=u_1(t)-PF_2(t) \\ \qquad\vdots \\ u_i(t)=u_{i-1}(t)-PF_i(t) \end{cases} \tag{4-8}$$

经过上述几个步骤之后，$s(t)$ 被分解成 M 个乘积函数 PF 和剩余函数 $u_n(t)$：

$$s(t)=\sum_{i=1}^{M} PF_i(t)+u_n(t) \tag{4-9}$$

4.1.2　LMD+FPA 联合降噪过程

盲源欠定是指原始信号中的信号来源不同，而混合的不同源信号数量超过观测信号的数量。盲源欠定常用盲源分离算法加以解决，而固定点（fixed-point algorithm，FPA）算法是目前比较流行的一种盲源分离算法[159]，在应对数据迭代处理过程中，计算数据量大的情况、具有更快的处理速度。本书为了克服盲源欠定的问题，采用 FPA 算法和 LMD 方法联合解决上述问题，实现盲源分离的过程。FPA 算法流程如图 4-1 所示。

本书使用基于负熵最大的联合降噪方法，而联合方法 LMD+FPA 降噪的基本流程如图 4-2 所示。

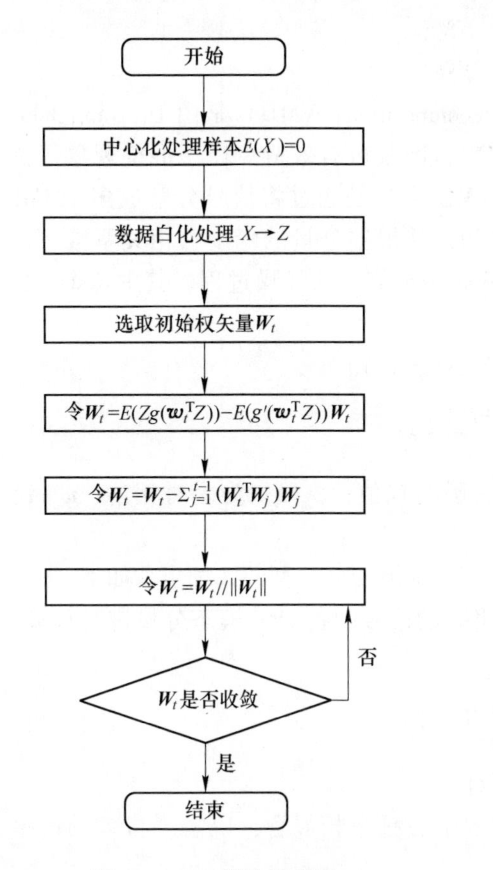

图 4-1 FPA 算法流程图

X—观测数据；Z—白化处理数据；

$\boldsymbol{W}_t$—初始权向量

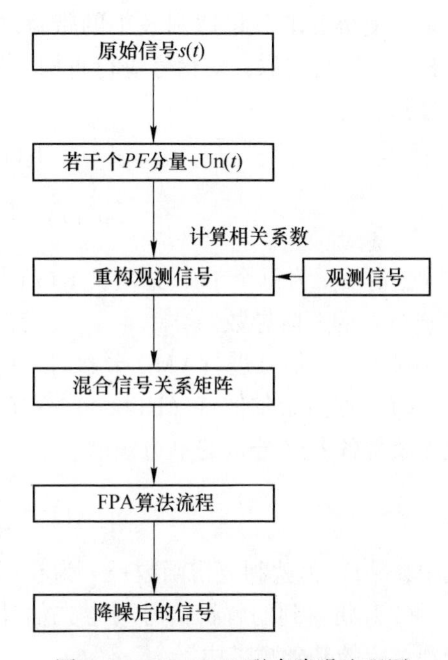

图 4-2 LMD+FPA 联合降噪流程图

本书的联合降噪方法按照以下 3 个主要过程进行：

（1）借助 LMD 信号处理过程获得多个 *PF* 分量；

（2）计算实际信号同 *PF* 分量之间的关系，以相关系数确定评定标准关系程度最大的信号进行重构；

（3）以虚拟观测信号和原始信号构建二维输入矩阵，运用 FPA 算法予以分析分解达成滤波效果。

本书采用基于联合方法的信号处理方法用于去除振动信号中存在的噪声。一方面，利用 LMD 方法删除多余的噪声信号；另一方面，LMD+FPA 联合方法可以解决盲源欠定的问题，通过信号分析中减少虚拟观测信号和实际信号之间的偏差，达到良好的降噪效果。

4.1.3　变分模态分解过程

变分模态分解法（variational mode decomposition，VMD）是由 Dragomiretskiy 等于 2014 年提出的一种信号处理策略[160]，因其可有效避免模态混叠现象等优势，广泛应用于信号及图像处理方面。VMD 主要是通过将信号分解成多个 IMF 分量，使得 IMF 分量达到最小的带宽之和，并根据分量的峭度、相关系数等对 IMF 分量进行选取，对信号进行重构，从而实现信号的降噪过程。其中每个 IMF 分量都满足于：

$$u_k(t) = A_k(t)\cos[\varphi_k(t)] \tag{4-10}$$

$$w_k(t) = \frac{\mathrm{d}\varphi_k(t)}{\mathrm{d}t} \geqslant 0 \tag{4-11}$$

式中，$u_k(t)$ 为每个 IMF 分量；$A_k(t)$ 为瞬时幅值；$\varphi_k(t)$ 为瞬时相角；$w_k(t)$ 为 $\varphi_k(t)$ 的一阶导数。

对于某一信号进行 VMD 分解时，建立和求解变分模型的详细步骤如下。

（1）通过希尔伯特（Hilbert）变换将振动信号的各 IMF 模态分量进行计算，从而获得各 IMF 分量的单边频谱。

$$\left[\delta(t) + \frac{j}{\pi t}\right] * u_k(t) \tag{4-12}$$

式中，$\delta(t)$ 为狄利克雷函数；$*$ 为卷积符号。

（2）将得到的解析信号与事先估计的中心频率相混合，以实现将各频谱整合到对应的基础频带中。

$$\left[\left((\delta(t) + \frac{j}{\pi t}\right) * u_k(t)\right] \mathrm{e}^{-jw_k t} \tag{4-13}$$

式中，$\mathrm{e}^{-jw_k t}$ 为事先估计的中心频率。

（3）通过对基础频带模态计算梯度的 L^2，由此产生的约束变分模型如下。

$$\begin{cases} \min\limits_{\{u_k\},\ \{w_k\}} \left\{ \sum\limits_{k=1}^{K} \left\| \partial_t \left[\left(\delta(t) + \frac{j}{\pi t} \right) * u_k(t) \right] \mathrm{e}^{-jw_k t} \right\|_2^2 \right\} \\ \text{s. t. } \sum\limits_{k=1}^{K} u_k(t) = f(t) \end{cases} \tag{4-14}$$

式中，K 为模态分量个数；u_k 为模态分量；w_k 为模态分量对应中心频率；$f(t)$ 为所输入的振动信号；$\sum\limits_{k=1}^{K}$ 为全部模态集合。

（4）为求解上述约束变分模型，则需要引入二次惩罚因子与拉格朗日乘子，将上述问题转换成非线性变分问题，转换成的增广拉格朗日方程如式（4-15）所示。

$$L(\{u_k\},\{w_k\},\lambda)=\alpha\sum_{k=1}^{K}\left\|\partial_t\left[\left(\delta(t)+\frac{j}{\pi t}\right)*u_k(t)\right]\mathrm{e}^{-\mathrm{j}\omega_k t}\right\|_2^2+\left\|f(t)-\sum_{k=1}u_k(t)\right\|_2^2+\left\langle\lambda(t),\sum_{k=1}u_k(t)\right\rangle \tag{4-15}$$

式中，λ 为拉格朗日乘子；α 为惩罚因子。

（5）通过乘法算子交替方向法（alternate direction method of multipliers, ADMM）对上述所转变的增广拉格朗日方程进行求解，通过对初始化的 $\{u_k^1\}$、$\{w_k^1\}$、λ^1 不断迭代更新，从而寻求到上述方程表达式的“鞍点”，也可称之为“极点”，进而最终获得在鞍点位置时所分解到的 k 个相互独立的信号模态分量 u_k，也就实现了轴承原始信号的分解全部流程。对于此信号分解详细步骤流程如下。

1）设置初始化的 $\{\hat{u}_k^1\}$、$\{w_k^1\}$、λ^1、n；

2）将 n 每次步长设为 1，并不断叠加 $n=n+1$，以达到循环迭代的目的；

3）对 $\{u_k\}$、$\{w_k\}$ 不断地迭代更新，当满足最大分解层数 K 时停止，其更新表达式如下所示：

$$\hat{u}_k^{n+1}(w)=\frac{f(w)-\sum\limits_{i<k}^{k-1}\hat{u}_i^{n+1}(w)-\sum\limits_{i=k+1}^{k}\hat{u}_i^{n}(w)+\dfrac{\hat{\lambda}(w)}{2}}{1+2\alpha\,(w-w_k)^2} \tag{4-16}$$

$$w_k^{n+1}=\frac{\int_0^\infty w\,|\hat{u}_k^{n+1}(w)|^2\mathrm{d}w}{\int_0^\infty |\hat{u}_k^{n+1}(w)|^2\mathrm{d}w} \tag{4-17}$$

4）按照如下公式对 λ 进行更新迭代：

$$\hat{\lambda}^{n+1}(w)=\hat{\lambda}^{n}(w)+\tau\left(f(w)-\sum_k\hat{u}_k^{n+1}(w)\right) \tag{4-18}$$

5）对流程 2）~4）根据表达式进行循环重复计算，直到满足式（4-19）均方误差的收敛条件时停止计算，得到 k 个振动信号的最优分解模态分量。

$$\mathrm{mse}=\sum_k\frac{\|\hat{u}_k^{n+1}(w)-\hat{u}_k^{n}(w)\|_2^2}{\|\hat{u}_k^{n}(w)\|_2^2}<\varepsilon \tag{4-19}$$

VMD 对滚动轴承振动信号的分解流程如图 4-3 所示。

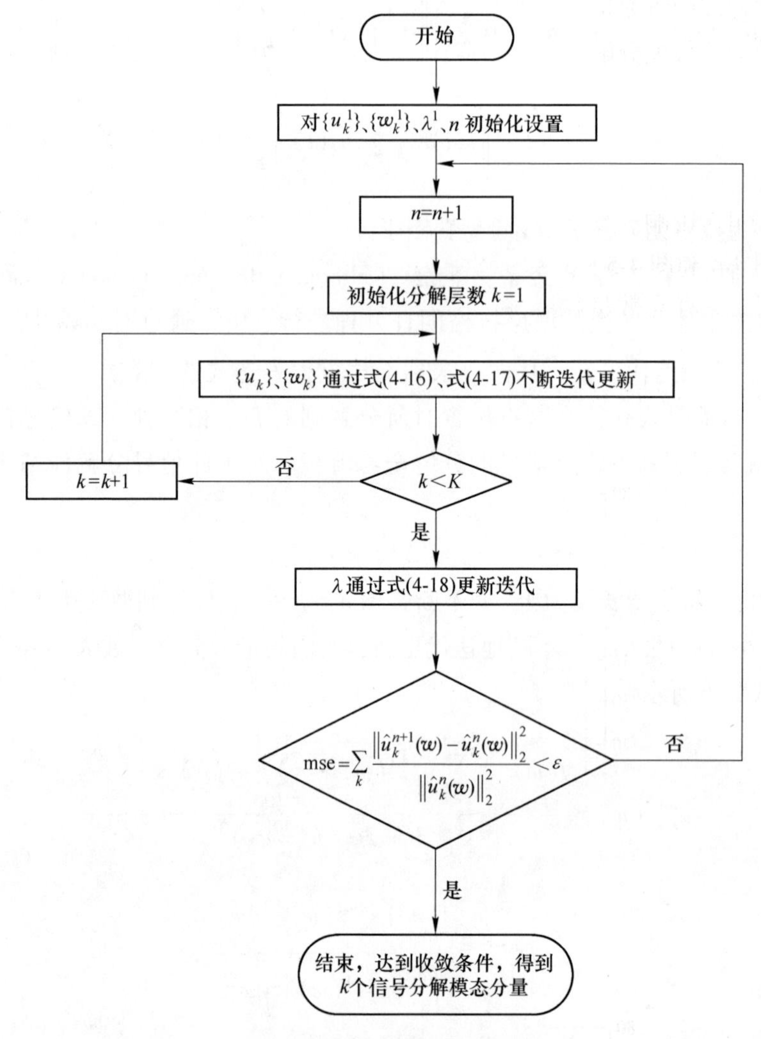

图 4-3 VMD 算法流程图

4.1.4 SSA 优化 VMD 重要参数过程

由变分模态分解模型的建立及求解过程可知，变分模态分解法的基本原理及过程主要围绕着几个重要参数的设置、运算及求解过程所展开，其中的重要参数主要有分解层数 k、惩罚因子 α、收敛准则容忍度 ε、保真系数 τ 等，这些重要参数能否合理取值将对 VMD 能否良好、有效地分解滚动轴承振动信号起着至关重要的作用，这些参数对 VMD 分解信号的性能影响如下。

（1）分解层数 k。分解层数是 VMD 模型构建之初就要首先设置的关键参数，k 的取值是否合理、准确直接关乎 VMD 能否对信号分解得既适度又彻底，它是把握分解程度的重要标尺。倘若 k 取值过小，将会造成信号分解不彻底，也就是经常所说的信号欠分解现象，会造成轴承固有振动信号无法从掺杂着噪声的原始振动信号中有效分离；另外 k 取值过大，将会造成振动信号的过分解，从而引发像 EMD 等算法的模态混叠现象，而且还会分解出一些无用的虚假信号分量。这两种情况都会导致某些关键的故障特征无法被正确识别，最终对轴承健康状况的判断造成很大影响。

从图 4-4 和图 4-5 中可以看出，在同种信号数据，相同分解层数，采样点数量不同时，采样点数量越多，VMD 算法的欠分解率与模态混叠率就越大；而当采样点数量相同，分解层数不同时，分解层数越多，欠分解率越小，而模态混叠率与之相反，分解层数越多模态混叠率越大。这两张对比图验证了前文所描述的规律。

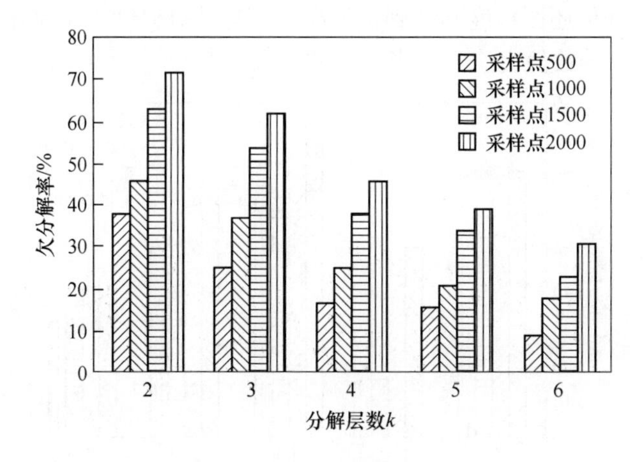

图 4-4 欠分解率对比

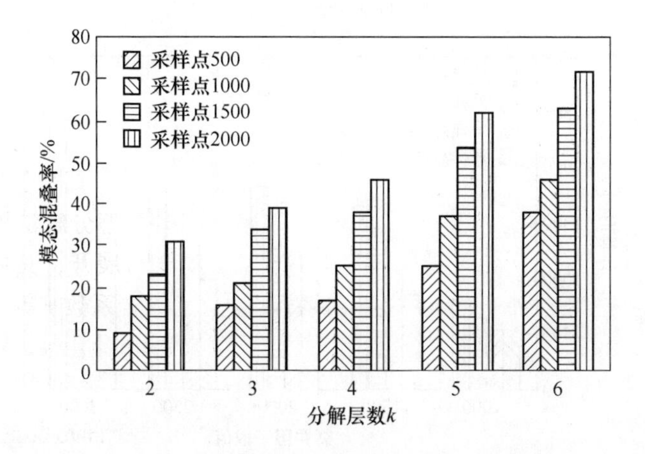

图 4-5 模态混叠率对比

(2) 惩罚因子 α。α 的取值大小对 VMD 所分解出的 IMF 分量的带宽、收敛速度等都起着至关重要的作用。假如 α 的取值过小，将会使得 IMF 分量的带宽过大，从而造成某些分量中既包含着由于外界干扰而产生的噪声，也包含轴承原有的振动信号，同时也会导致本属于此模态的分量被分散到其他模态中；如果 α 的取值过大，将会导致 IMF 分量的带宽过窄，信号被打散得过于精细，导致无法有效获取某些重要分量，从而造成某些重要分量成分的丢失，同时惩罚因子 α 设置过大也会增加算法循环次数，进而带来较长的计算时间。

根据图 4-6 和图 4-7 的对比可以看出，在惩罚因子取值相同时，IMF 分量还原成原始振动信号的精度会随着采样点数量的增多而减小，算法的计算时间也会随之增加；而当采样点数量相同时，惩罚因子越大，IMF 分量还原成原始振动信号的精度普遍越低，计算时间正好与之相反，但有一例外是当惩罚因子取值为 2000 时，IMF 分量还原精度却达到了最高，而且计算时间也不是很长，因此，选取合适的惩罚因子数值会达到事半功倍的效果。

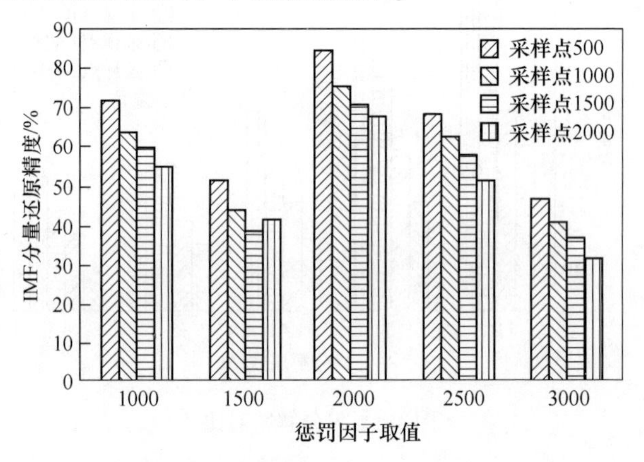

图 4-6　IMF 分量还原精度对比

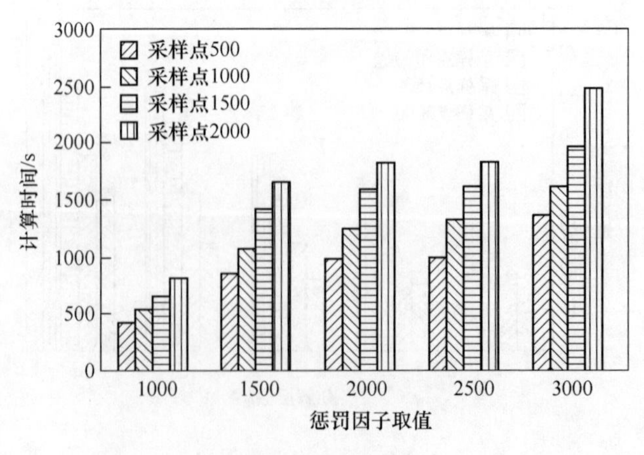

图 4-7　计算时间对比

（3）收敛准则容忍度 ε。ε 是用于判断变分模态分解过程是否满足收敛条件的重要指标，若小于 ε 值，则变分模型计算过程允许被停止，算法结束，也就完成振动信号分解为多个模态分量的过程。因此，ε 值设置的大小直接关乎算法求解过程何时停止，直接对模型分解信号并重构信号的精度及误差产生影响。倘若 ε 的取值过大，将会造成算法过早收敛，从而导致信号被分解得不够精细并且重构精度较低，而且由于收敛容忍度设置过大，导致信号重构误差将会加大；此外，若 ε 值设置过小，将会发生与上述相反的情况。因此，合理设置 ε 的取值对提高算法的信号重构精度、降低重构误差至关重要。

（4）保真系数 τ。保真系数 τ 的出现是为了解决 VMD 陷入局部最优这一问题。VMD 算法中拉格朗日乘子的引入存在着一种利弊关系需要保真系数 τ 去权衡。在振动信号噪声比例较低的情况下，τ 值设置合理并且大于 0 时，拉格朗日乘子在算法中的应用可确保 VMD 达到最优的收敛程度；而在振动信号噪声比例较高时，若 τ 还是大于 0，拉格朗日乘子反而会妨碍 VMD 算法的收敛。因此，为了权衡这种利弊关系，将 τ 设置为 0 时，可将拉格朗日乘子的妨碍性降低至最小，从而确保 VMD 算法能够有效达到收敛。

综上所述，VMD 变分模型中分解层数 k、惩罚因子 α、收敛准则容忍度 ε、保真系数 τ 的合理确定对于算法的信号分解精度、重构精度、误差率、运行时间等都存在着很大的影响。在近些年来的学术研究中，众多学者对于收敛准则容忍度 ε、保真系数 τ 的取值已经有了较为明确且固定的范围，收敛准则容忍度 ε 一般取 10^{-7}，保真系数 τ 因考虑到拉格朗日乘子的影响，一般设置为 0，但对于分解层数 k 和惩罚因子 α 的取值是没有得到确切的答案，是众多学者争相去优化、去解决的难题。

随着人工智能技术的不断发展，许多新颖、优秀的自然启发式算法不断涌现，许多学者利用各种算法的不同优势解决了许多工程难题，并取得了不错的效果。如图 4-8 所示，自从 2014 年 VMD 算法诞生以来，不断涌现出大量关于优化 VMD 算法的优秀文章，并呈现发表文献数量逐年上升的趋势，足以证明 VMD 算法在信号处理方面的优势及热度。

因此，本书利用飞鼠搜索算法良好的寻优能力对 VMD 中的 k 和 α 寻优，确定它们二者的取值，从而到达优化 VMD 算法、提高其性能的目的，使得 VMD 算法既能剔除原始振动信号中所包含的噪声，又不至于对信号进行过度分解，达到对滚动轴承最真实振动信号提取的效果。

在利用飞鼠搜索算法去寻优 VMD 中的分解层数 k 和惩罚因子 α 时，需要首先找到一个最适合这种问题的适应度函数，使得飞鼠搜索算法利用设定的适应度函数通过计算每一次的适应度值来进行比较，从而更新飞鼠的位置来获得最优的 VMD 参数。熵是一种用来描述能量退化的重要物理量之一，在信号处理领域的

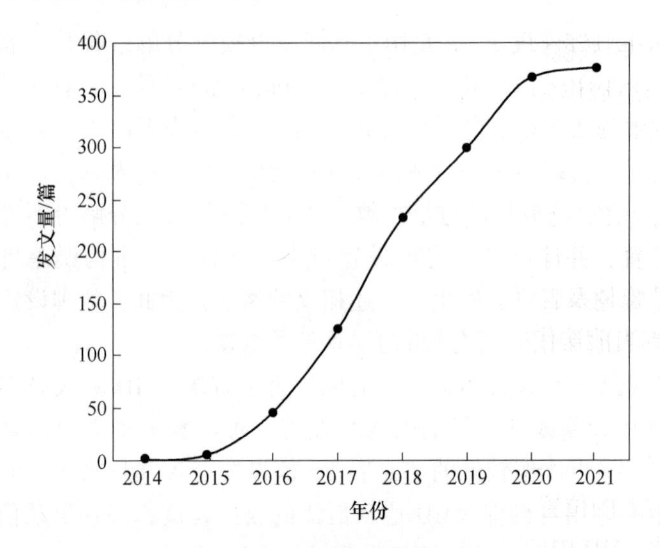

图 4-8　关于 VMD 算法发表年度趋势

应用十分广泛。熵值越大，证明信号的排列及分布越无序、混乱，同时也反映了一种概率分布的规律，概率分布越不确定，则证明熵值越大。

本书利用熵值理论中的包络熵作为飞鼠搜索算法优化 VMD 重要参数的适应度函数，因为振动信号稀疏性的不同表现为不同的包络熵值，假如 VMD 分解后的振动信号的 IMF 分量中包含大量的噪声，无法表现出故障时应有的较强的冲击脉冲特征，IMF 分量的稀疏性就会较弱，包络熵值很大；倘若 IMF 分量中有很多故障信号应有的特征，则与上述现象相反。振动信号 $x(i)$ $(i=1, 2, \cdots, N)$ 的包络熵 E_p 表达式如下：

$$\begin{cases} E_p = -\sum_{i=1}^{N} p_i \lg p_i \\ p_i = \dfrac{a(i)}{\sum_{i=1}^{N} a(i)} \end{cases} \tag{4-20}$$

式中，$a(i)$ 为原始振动信号 $x(i)$ 利用希尔伯特解调后的包络信号；p_i 为 $a(i)$ 进行归一化后所得出的结果。

飞鼠搜索算法的适应度函数是计算 VMD 算法分解成的多个 IMF 信号分量的包络熵值，找到其中的极小包络熵 $\min_L E_{p^{\mathrm{IMF}}}$ 作为局部最优解，然后利用 $\min_L E_p^{\mathrm{IMF}}$ 找到其最小值作为飞鼠搜索算法的全局最优解，最终输出此时所对应的分解层数 k 和惩罚因子 α 的取值。

SSA 算法优化 VMD 重要参数的具体流程如下：

（1）将 VMD 中的［K，α］作为飞鼠要更新的位置，SSA 算法参数初始化，包含飞鼠种群数、山核桃树、橡树、普通树的数量、迭代次数、滑行长度等基本参数。

(2) 将包络熵作为 SSA 算法的适应度函数，通过对比 VMD 分解振动信号而得到的 IMF 分量的包络熵值的大小，将极小包络熵中的最小值当作全局最优分量，也就是 SSA 算法中全局最优解——山核桃树的位置情况。

(3) 对于仍未找到合适食物源的飞鼠，朝向山核桃树和橡树位置聚集，并实时更新其位置，并计算飞鼠的适应度值做升序排列，按照排序顺序将飞鼠分布到山核桃树、橡树及普通树上。

(4) 计算当前迭代次数下的季节常量值 S_c^t，并与当前迭代次数下的最小季节变化值 S_{min} 进行比较，若满足季节变化条件，则利用 Levy 飞行更新还没有找到食物源的普通树上飞鼠的位置。

(5) 循环 (2)~(4) 环节，直到满足最大迭代次数时，算法停止，输出飞鼠在山核桃树上的位置信息，也就是 VMD 中的 [K, α] 的全局最优解。

SSA 优化 VMD 中的 [K, α] 参数的具体流程如图 4-9 所示。

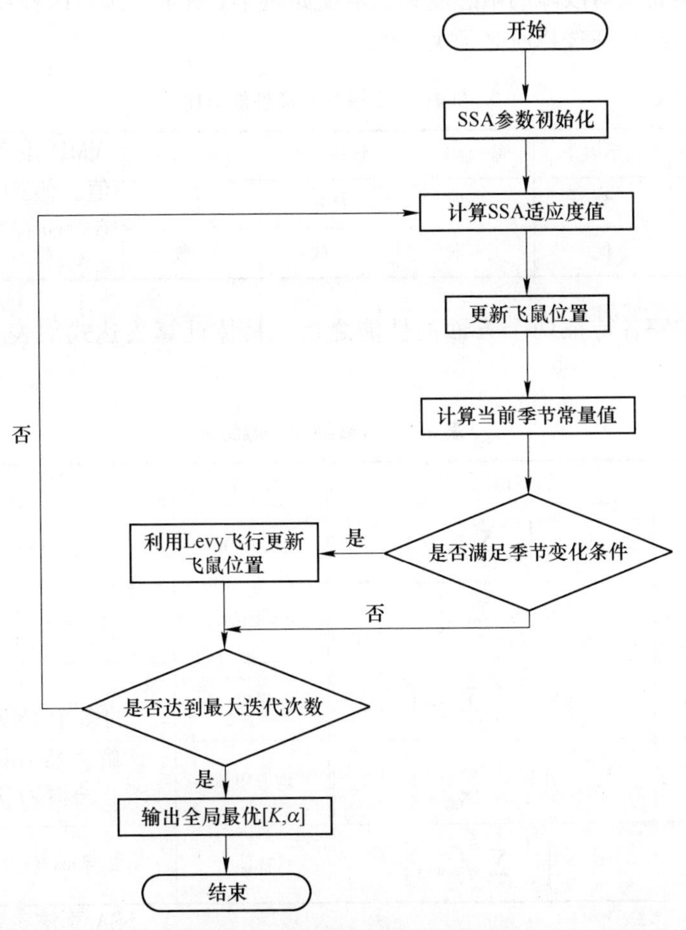

图 4-9 SSA 优化 VMD 参数流程图

4.2　特征提取过程

4.2.1　时域特征指标的提取

能够直接收集到的轴承振动信号为时域信号，时域信号的不同通常也代表着滚动轴承发生故障的位置及故障发展程度的不同，因此，可利用时域分析的方法通过对不同时域特征参数的计算，来完成对滚动轴承是否发生故障和健康状态的初步判断。时域特征指标中的有量纲特征不仅会受到概率密度函数的影响，还会受到外界因素的影响，以及滚动轴承真实运转状况的干扰；相比之下，无量纲特征受到干扰的因素就少了很多，它只受概率密度函数的干扰，工作情况和外部环境对其影响微乎其微。

无量纲特征对故障的敏感度和稳定度如表 4-1 所示，选择两种特性更加均衡的特征是后续特征选择所必须关注的。

表 4-1　无量纲特征性能对比

无量纲特征	波形因子	峰值因子	脉冲因子	裕度因子	峭度因子	偏斜度因子
敏感度	差	一般	良好	优	一般	较差
稳定度	优	一般	一般	一般	一般	良好

在归纳完各特征两个方面的性能之后，具体计算表达式如表 4-2 和表 4-3 所示。

表 4-2　有量纲的时域特征

特征名称	特征计算表达式	特征名称	特征计算表达式
方差	$\sigma_x^2 = \frac{1}{N-1}\sum_{i=1}^{N}(x_i - \overline{X})^2$	最大值	$X_{\max} = \max\{\|x_i\|\}$
最小值	$X_{\min} = \min\{x_i\}$	平均值	$\overline{X} = \frac{1}{N}\sum_{i=1}^{N}x_i$
绝对平均值	$\|\overline{X}\| = \frac{1}{N}\sum_{i=1}^{N}\|x_i\|$	歪度	$\alpha = \frac{1}{N}\sum_{i=1}^{N}x_i^3$
峭度	$\beta = \frac{1}{N}\sum_{i=1}^{N}x_i^4$	均方根值	$X_{\mathrm{rms}} = \sqrt{\frac{1}{N}\sum_{i=1}^{N}x_i^2}$
方根幅值	$X_{\mathrm{r}} = \left[\frac{1}{N}\sum_{i=1}^{N}\sqrt{\|x_i\|}\right]^2$	峰值	$X_{p-p} = \max(x_i) - \min(x_i)$

表 4-3 无量纲的时域特征

特征名称	特征计算表达式	特征名称	特征计算表达式
峰值因子	$C_f = \dfrac{X_{max}}{X_{rms}}$	脉冲因子	$I_f = \dfrac{X_{max}}{\lvert \overline{X} \rvert}$
峭度因子	$K_v = \dfrac{\beta}{X_{rms}^4}$	波形因子	$S_f = \dfrac{X_{rms}}{\lvert \overline{X} \rvert}$
裕度因子	$CL_f = \dfrac{X_{max}}{X_r}$	偏斜度因子	$P = \dfrac{\alpha}{X_{rms}^3}$

表 4-2 和表 4-3 是本书所要提取的多种时域特征的名称和其对应的特征计算公式，可根据特征计算公式计算时域信号的所有特征值。

4.2.2 频域特征指标的提取

基于时域特征的特征分析方法只能粗略地判断故障的模糊位置，应用时域特征主要的目的是判断是否发生了故障，以及判别处于健康还是损伤状态，无法准确地判断滚动轴承故障的部位，因为它无法兼具优秀的敏感性和稳定性。而频域特征则弥补了这一问题，其可通过傅里叶变换由时域特征转换而来，可以实现对故障发生位置和故障发展程度二者的同时兼顾，可通过其频谱幅值的变换从而判断滚动轴承的损伤程度，进而实现健康状态的准确评估。

本书选取了 13 个频域特征指标进行计算，其特征名称及特征计算公式如表 4-4 所示。

表 4-4 频域特征指标

特征符号	特征计算表达式	特征符号	特征计算表达式
P_1	$P_1 = \dfrac{\sum_{k=1}^{K} s(k)}{K}$	P_2	$P_2 = \dfrac{\sum_{k=1}^{K} (s(k) - P_1)^2}{K-1}$
P_3	$P_3 = \dfrac{\sum_{k=1}^{K} (s(k) - P_1)^3}{K(\sqrt{P_2})^3}$	P_4	$P_4 = \dfrac{\sum_{k=1}^{K} (s(k) - P_1)^4}{KP_2^2}$
P_5	$P_5 = \dfrac{\sum_{k=1}^{K} f_k s(k)}{\sum_{k=1}^{K} s(k)}$	P_6	$P_6 = \sqrt{\dfrac{\sum_{k=1}^{K} (f_k - P_5)^2 s(k)}{K}}$
P_7	$P_7 = \sqrt{\dfrac{\sum_{k=1}^{K} f_k^2 s(k)}{\sum_{k=1}^{K} s(k)}}$	P_8	$P_8 = \sqrt{\dfrac{\sum_{k=1}^{K} f_k^4 s(k)}{\sum_{k=1}^{K} f_k^2 s(k)}}$

续表 4-4

特征符号	特征计算表达式	特征符号	特征计算表达式
P_9	$P_9=\frac{\sum_{k=1}^{K}f_k^2 s(k)}{\sqrt{\sum_{k=1}^{K}s(k)\sum_{k=1}^{K}f_k^4 s(k)}}$	P_{10}	$P_{10}=\frac{P_6}{P_5}$
P_{11}	$P_{11}=\frac{\sum_{k=1}^{K}(f_k-P_5)^3 s(k)}{KP_6^3}$	P_{12}	$P_{12}=\frac{\sum_{k=1}^{K}(f_k-P_5)^4 s(k)}{KP_6^4}$
P_{13}	$P_{13}=\frac{\sum_{k=1}^{K}(f_k-P_5)^{\frac{1}{2}} s(k)}{KP_6}$		

注：$s(k)$，$k=1, 2, 3, \cdots, K$，为轴承振动信号的频谱；K 为总谱线数量；f_k为第 K 条谱线的频率值；P_1为轴承振动信号在频域上的能量值；$P_2 \sim P_4$、P_6、$P_{10} \sim P_{13}$为频谱的离散或聚集水平；P_5、$P_7 \sim P_9$为无法直观看出的主频带变动情况。

4.2.3　熵特征指标的提取

由于受到外部环境和轴承自身条件的干扰，滚动轴承在实际的运转过程中可能会随时发生不同程度的损伤，只从时域和频域特征方面分析其故障类型及健康状况是远远不够的，无法准确地描述出滚动轴承在全生命周期中的性能退化趋势，而熵值理论可以很好地描述特定系统的混乱水平，实现对系统的定量描述。因此，衍生出了信息熵理论。信息熵是由 C. E. Shannon 在 1948 年提出的一种对信息定量衡量的指标，实现了信息在概率与冗余度关系的诠释，信息的不确定程度越大，则其熵值越大，反之，熵值越小。因此，信息熵可作为衡量振动信号不确定程度的重要标准，其表达式如下：

$$H(X)=-\sum_{i=1}^{N}p_i \lg p_i \tag{4-21}$$

式中，p_i为情况 X 出现的概率。

对于滚动轴承而言，其振动信号能量的不同往往对应着不同的故障位置和损伤程度，并且振动信号会产生冲击信号不规律的问题，容易造成故障种类判别不准确，而能量熵的提取可以很好地解决这一问题，因此，选取信息熵中的能量熵作为熵值特征指标是一个不错的选择。能量熵的提取构建步骤如下。

(1) 将收集到的轴承原始振动信号通过前文所构建的 VMD 模型分解为多个 IMF 本征模态分量。

(2) 计算分解出的各 IMF 分量的能量，其计算公式如下：

$$E(c_i)=\sum_{j=1}^{N}c_i(j)^2 \tag{4-22}$$

式中，c_i为被分解得出的第i个IMF信号分量；N为收集信号总数。

（3）归一化所有得到的IMF信号分量的能量：

$$p(i)=\frac{E(c_i)}{\sum_{i=1}^{K}E(c_i)} \tag{4-23}$$

式中，K为总IMF分量数。

（4）依照前文叙述的信息熵表达式，构建能量熵表达式：

$$E_q=-\sum_{i=1}^{K}p(i)\log_2 p(i) \tag{4-24}$$

通过对时域、频域、熵特征指标的提炼，建立故障特征集合，可更加全面反映轴承在不同时间和不同部位的运转情况，从而实现对故障部位的准确定位，以及准确评估在全生命周期中处于哪一阶段。

4.3 信号降噪和主成分计算过程

4.3.1 主成分计算算法构建流程

前文所提取的滚动轴承故障特征集为多域故障特征集，属于高维度特征，计算难度大，并且人为根据经验去选择很难剔除冗余特征，容易造成重要故障信息的遗漏或误删，无法保证特征选择的准确性。而主成分计算（KPCA）算法因其引入核函数的特点，可将非线性的样本特征通过映射过程，剔除代表性很小的无效特征，从而实现数据降维的目的，特别适用于解决轴承特征选择难的问题。其具体计算流程如下。

（1）根据轴承多域特征集的特点，选择适合的核函数参数$K(x, y)$，具体选择种类将在4.3.2节叙述。

（2）将所有轴承特征数值由原始空间R映射到高维空间H。

$$\phi: R\rightarrow H \tag{4-25}$$

（3）计算映射到H后的特征样本镜像$\phi(x_i)$的协方差C，并让协方差中特征向量$\boldsymbol{V}$与特征值λ满足如下关系：

$$C=\frac{1}{N}\sum_{i=1}^{N}\phi(x_i)\phi(x_i)^{\mathrm{T}} \tag{4-26}$$

$$C\boldsymbol{V}=\lambda\boldsymbol{V} \tag{4-27}$$

（4）将镜像$\phi(x_i)$融入式（4-27）中，得到如下公式：

$$\lambda \phi(x_i) \boldsymbol{V} = \phi(x_i) C\boldsymbol{V} \tag{4-28}$$

$$\boldsymbol{V} = \sum_{i=1}^{N} \boldsymbol{\alpha}_i \phi(x_k) \tag{4-29}$$

式（4-28）、式（4-29）合并后的表达式为：

$$\sum_{i=1}^{N} \boldsymbol{\alpha}_i [\phi(x_k)\phi(x_i)] = \frac{1}{N}\sum_{i=1}^{N} \boldsymbol{\alpha}_i \sum_{j=1}^{N} [\phi(x_k)\phi(x_j)] \cdot [\phi(x_i)\phi(x_j)] \tag{4-30}$$

（5）因步骤（1）中的核函数 $K(x, y) = \phi(x_i)\phi(x_j)$，所以可将式（4-30）转化为：

$$N\lambda \boldsymbol{\alpha} = K\boldsymbol{\alpha} \tag{4-31}$$

（6）最终，轴承特征样本在 H 空间的第 k 个非线性主元镜像为：

$$\boldsymbol{V}^k \phi(x) = \sum_{i=1}^{N} \boldsymbol{\alpha}_i^k K(x_i, x) \tag{4-32}$$

式中，x 为轴承原始特征样本点；N 为在 R 空间的特征样本总数；$\boldsymbol{\alpha}$ 为核函数 K 的特征向量。

为确定特征主元数 s，本书采用累积贡献率的方法，将计算后的各特征贡献率从大到小进行排序，并对它们的贡献率进行累计求总和，而其评判标准 CPV 则是前 s 个特征贡献率与总贡献率的比值，其表达式如下：

$$g = \frac{\lambda_i}{\sum_{i=1}^{N} \lambda_i} \tag{4-33}$$

$$\mathrm{CPV} = \frac{\sum_{i=1}^{s} \lambda_i}{\sum_{i=1}^{N} \lambda_i} \times 100\% \tag{4-34}$$

式中，g 为第 i 个特征贡献率；λ_i 为第 i 个特征值；N 为特征总数；s 为特征主元数；CPV 为累积主元贡献率。

一般来说，CPV≥85%就可以证明所选择的轴承故障特征主元包含了绝大多数的重要代表信息。

4.3.2　核函数参数的选择

在 KPCA 算法中最为重要的步骤就是核函数参数的选择，因为在实际的应用过程中，滚动轴承的故障信号特征大多是非线性的数据掺杂在一起，无法实现线性可分的状态，而为了改变这一情况，就需要把大量的非线性样本投射到更高维的环境之中，从而使它们能够区分开来，核函数参数的引入恰巧可以实现这一功能，使 PCA 算法无法解决的非线性可分问题交给 KPCA 算法来解决，这也是 KPCA 算法较 PCA 算法的优势所在。目前，在工程领域应用核函数必须满足式（4-35）所示的 Merce 定理。

$$\int K(x, y)g(x)g(y)\mathrm{d}x\mathrm{d}y \geqslant 0 \tag{4-35}$$

其中应用较为频繁也较为常见的核函数参数如下。

（1）线性核函数：

$$K(x, y) = (x, y) \tag{4-36}$$

根据式（4-36）可知，其表达式简单，运算速度快，比较适用于计算量不高的小样本数据。

（2）多项式核函数：

$$K(x, y) = (x \cdot y + c)^d \tag{4-37}$$

对于此核函数而言，适合应用于幂级数较少的情况，并且有较多的参数需要设定，运算速度较慢。

（3）高斯核函数：

$$K(x, y) = \exp\left(\frac{-\parallel x - y \parallel^2}{2\sigma^2}\right) \tag{4-38}$$

此核函数可以映射到无限维度，虽然运算速度较慢，但其所需设置参数更少，并且具有模仿学习性能强的优势。

（4）sigmoid 核函数：

$$K(x, y) = \tanh[v(x, y) + c] \tag{4-39}$$

此核函数较适用于在特征差别不大的情况，优势是具有较为均衡的全局性，但其模仿学习性能较弱。

以上是较为常见也较为广泛地应用于 KPCA 算法中的核函数的计算表达式和其优劣之处，因为高斯基核函数在工程问题领域文献中应用众多，并且普遍取得了不错的运行速度和学习能力等，比较适用于轴承故障特征这种高维度特征集。因此，本书采用高斯核函数作为 KPCA 算法中所应用的核函数参数。

4.3.3 LMD+FPA 联合 KPCA 特征提取过程

为验证 LMD+FPA 联合降噪方法和 KPCA 方法提取特征的有效性，分别通过包含噪声的振动信号图解释上述的两个过程，为表现联合方法的降噪效果，以图 4-10 的频域幅值图来解释说明该方法的效果。

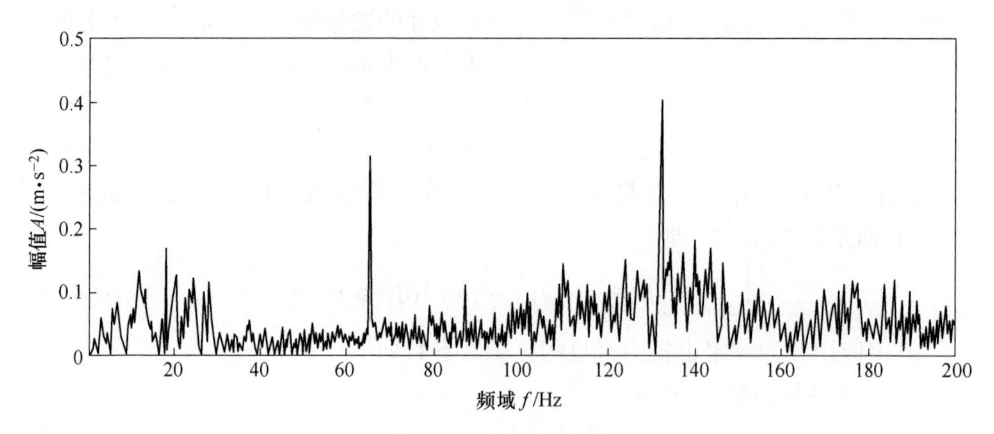

图 4-10　频域-幅值图

图 4-10 为振动信号的频域-幅值图，幅值特征即为振动信号需要提取的部分特征。观察图 4-10，除突出的两个相对较高的幅值信号之外，还存在其余较低的幅值信号，较低的幅值信号是由噪声产生的，当噪声影响过大时容易覆盖掉需要提取的幅值特征，因此，本书采用联合方法降噪，将噪声从原始信号中删除。删除噪声之后的振动信号不会对真实特征造成影响，进而不会影响后期故障识别的准确度。而 *PF* 分量参与信号重构的过程，如表 4-5 所示。

表 4-5　噪声信号和 *PF* 分量之间的相关系数

PF 分量	1	2	3	4
相关系数	0.7895	0.1107	0.0796	0.0202

本书采用联合信号降噪方法，表 4-5 中经降噪得到的 *PF* 分量重构之后得到新的虚拟信号，输入 FPA 算法执行 FPA 处理过程。FPA 中通过计算相关系数的大小删除虚假的 *PF* 分量，剩余的 *PF* 分量才能加入信号重构的过程。经过 LMD 方法计算处理之后，可以得到 4 个 *PF* 分量，其中，相关系数最高的分量即为真实 *PF* 分量，加以保留；删除多余的 *PF* 分量为虚假分量。最终得到的相关系数为 0.7895。选取第一个 *PF* 分量之后，再与原始噪声的信号构造二维矩阵，输入 FPA 算法中。

本书经过联合方法处理信号过程之后，再采用 RBF-KPCA 方法提取敏感特征。KPCA 方法中，核函数的输入参数会对 KPCA 的分析结果产生很大影响。因此，本书以选取不同的 c 值来观察主成分数量和累计贡献率之间的变化，通过变化进行观察，并最终选取合适的输入参数的数值。如图 4-11 所示，4 张图分别代表当 c 值发生变化时，主成分数量和贡献率随之发生的变化，文中选取的 c 的取值区间为 $[10^2, 10^5]$。

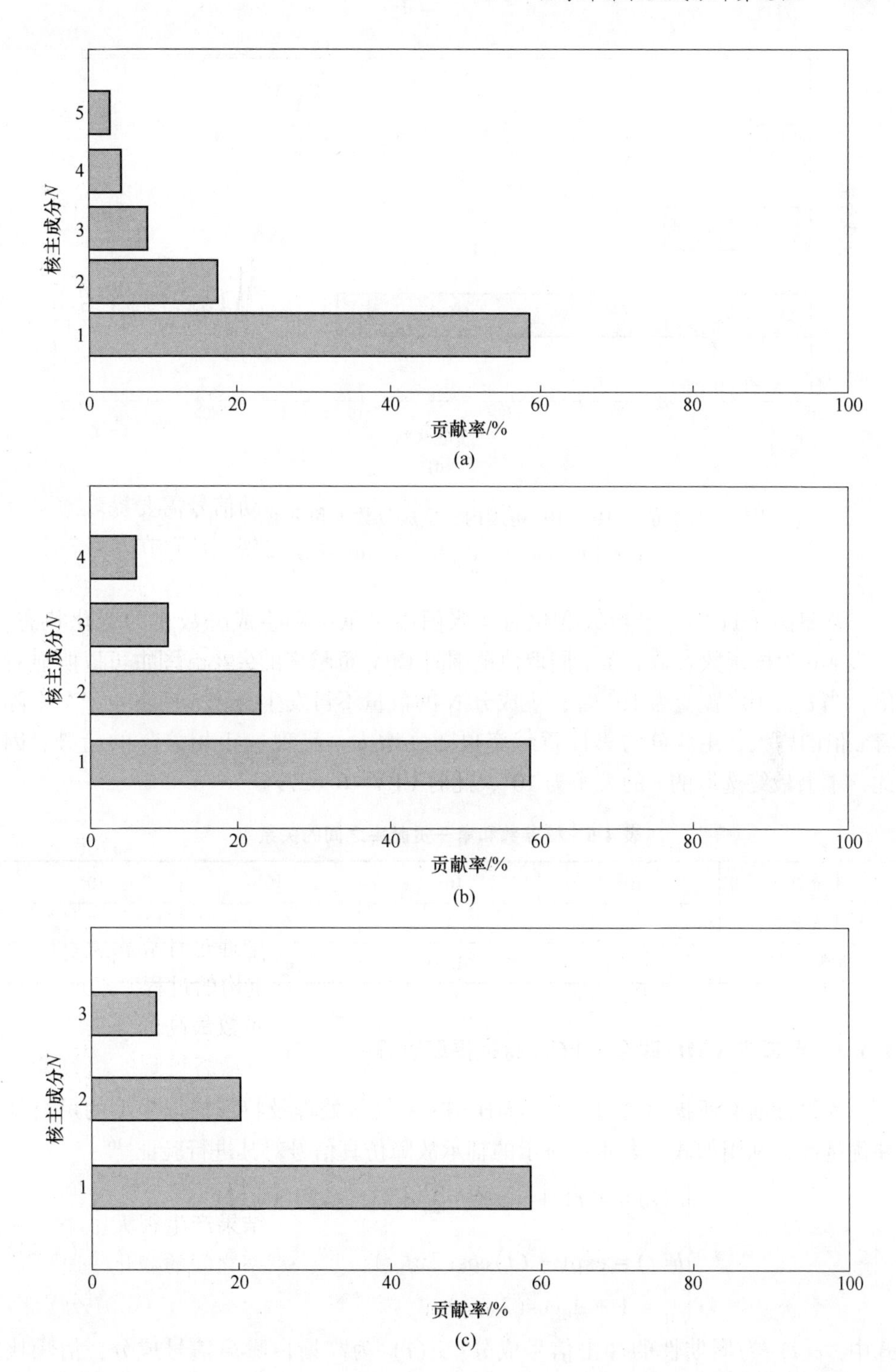

(a)

(b)

(c)

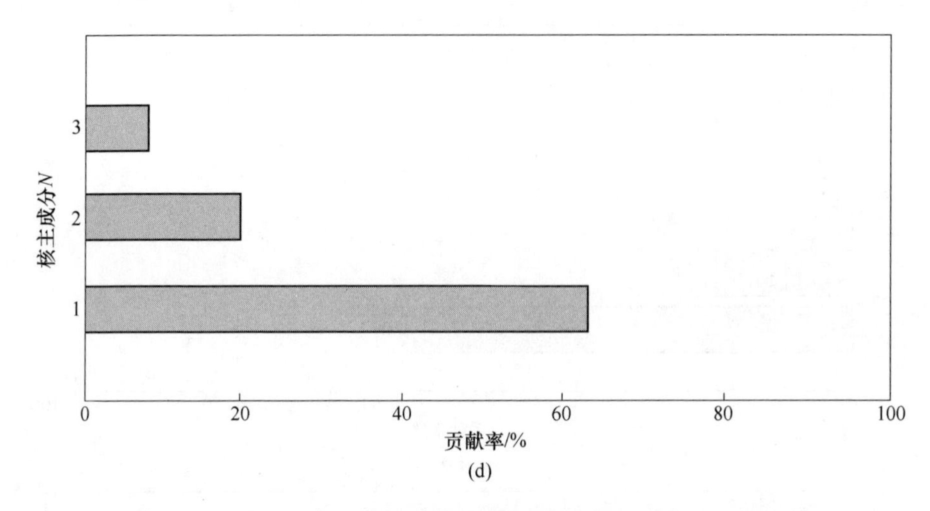

图 4-11　c 值在 $10^2 \sim 10^5$ 范围内，主成分数量和贡献率发生的变化

（a）$c=10^2$；（b）$c=10^3$；（c）$c=10^4$；（d）$c=10^5$

观察图 4-11 中，当参数变化时 4 张图中贡献率和主成分数量的变化状态，而表 4-6 为核函数参数 c 在不同取值范围时 CPV 贡献率的大小。图中可以明显看出，当 c 由 10^4 转变为 10^5 时，主成分 N 的数量不再发生变化。而在 4 张图中随着 c 值的增大，主成分的累计贡献率也随之增大，呈现“正相关”的趋势。因此，本书最终选取的 c 的大小为 10^5，此时 CPV=0.6277。

表 4-6　核参数和第一贡献率之间的关系

核参数 c	10^2	10^3	10^4	10^5
核主成分个数	5	4	3	3
贡献率/%	58.68	61.05	62.02	62.77

4.3.4　自适应 VMD 联合 KPCA 特征提取过程

为验证前文所提出的自适应 VMD-KPCA 信号处理及特征提取模型的可行性和优越性，利用如式（4-40）所示的轴承故障仿真信号对其进行验证[161]。

$$\begin{cases} x(t) = s(t) + n(t) = \sum_i A_i h(t - iT) + n(t) \\ h(t) = \exp(-Ct)\cos(2\pi f_n t) \\ A_i = 1 + A_0 \cos(2\pi f_r t) \end{cases} \tag{4-40}$$

式中，$s(t)$ 为周期性的冲击信号成分；$n(t)$ 为高斯白噪声信号成分；信噪比 SNR=−13 dB，T 为重复周期，1/120 s；C 为衰减系数，700；f_n 为轴承振动固有频率，4000 Hz；A_0为振动幅值，设为 0.3；f_r 为转动频率 = 30 Hz；采样频率 f_s = 16000 Hz；采样点数 N = 1024。未加入噪声及加入噪声的轴承故障仿真信号时域图分别如图 4-12 和图 4-13 所示。

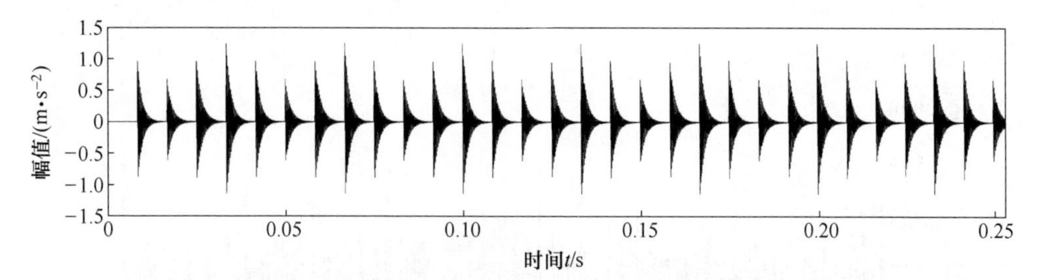

图 4-12 未加入噪声的仿真故障信号时域图

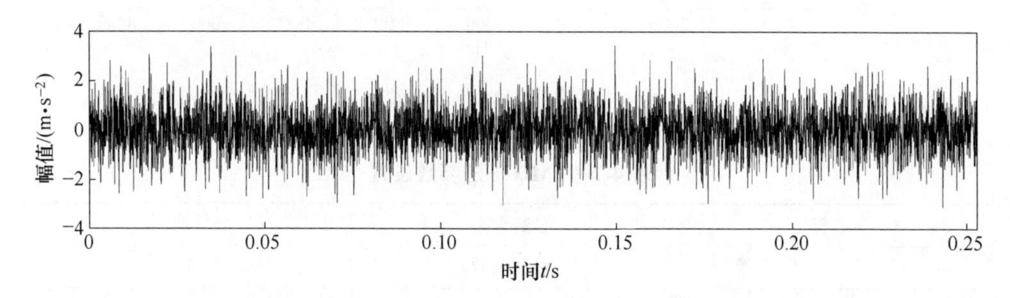

图 4-13 加入噪声的仿真故障信号时域图

由图 4-12 可以看出，在无噪声时轴承仿真故障信号会显示出明显的、较为规律的冲击信号，能够显示出其故障幅值特征，但在实际情况下，滚动轴承在运转过程中，经常受到外界及内在各种因素的干扰，因此，必须加入背景噪声才能更加贴近滚动轴承工作的真实状态，由图 4-13 可以看出，轴承振动状态仿真信号已经淹没在了大量的背景噪声之中，根本无法观察出其故障特征，已经无规律可遁。为了找到其故障特征，尝试通过傅里叶变换将时域图转变为频谱图，变换角度进行问题分析，如图 4-14 所示。

由图 4-14 可知，经过傅里叶变换后生成的仿真故障信号频谱中，因振动信号受噪声因素的干扰，仅能看到在 4000 Hz 附近存在着较为突出的固有振动频率。因此，本书将未进行参数优化的 VMD 方法与自适应 VMD 方法分别对仿真故障信号进行分解，删除多余的背景噪声，从而实现振动信号的降噪过程，并将所得结果进行对比分析。

首先是利用未进行参数优化的 VMD 对仿真故障信号进行分解，其中最为关键的参数分解层数 k 和惩罚因子 α 的取值参考一些取得分解效果较好的文献数值，分别设为 $k=4$，$\alpha=2000$，其余参数设置如表 4-7 所示。

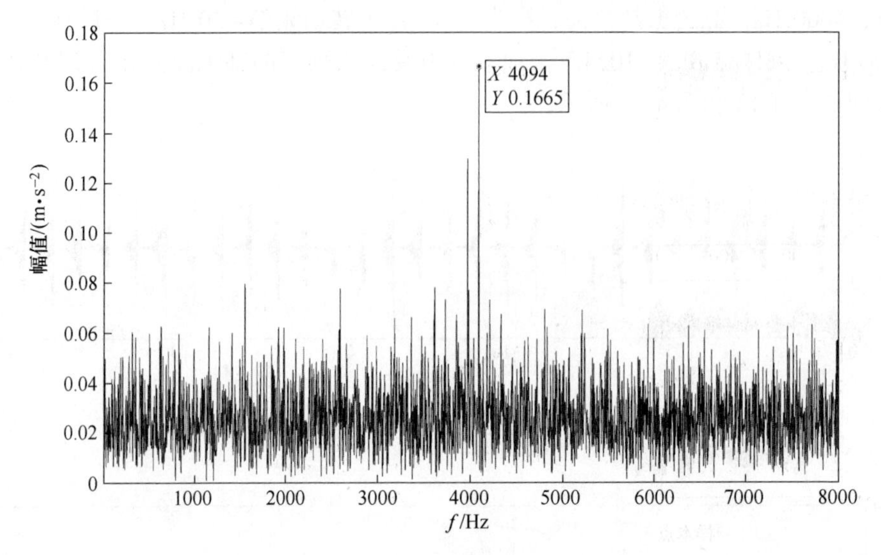

图 4-14　仿真故障信号频谱图

表 4-7　VMD 算法参数设置

参数符号	参数含义	参数取值
τ	保真系数	0
DC	中心频率更新参数	0
init	中心频率初始化参数	1
ε	收敛准则容忍度	1×10^{-7}

将仿真故障信号输入参数设置好的 VMD 算法中进行分解，其分解结果如图 4-15 所示。

由图 4-15 可以看出，IMF3 的中心频率为 3352 Hz，IMF4 的中心频率为 3539 Hz，它们都处于 3000~4000 Hz 的频带上，并且数值非常接近，存在着中心频率模态混叠现象，也就说明了未进行参数优化的 VMD 算法在实际的信号分解与降噪过程中并没有取得很好的效果，进而不利于后续故障特征凸显及故障特征指标数值的计算，因此，必须采用群智能算法对 VMD 算法参数进行寻优，接下来利用飞鼠搜索算法根据 4. 1. 4 节的优化流程对 VMD 中的寻优，VMD 中其他参数设置与未优化的 VMD 算法相同，飞鼠搜索算法中飞鼠种群数量设为 30，最大迭代次数设为 40，k 的搜索范围为［2，10］，α 的搜索范围为［200，4000］，基于仿真故障信号包络熵随 SSA 种群迭代次数变化结果如图 4-16 所示。

根据图 4-16 可以看出，包络熵一直呈现减小的趋势，说明 SSA 算法在对其最小值进行寻优，当迭代次数达到 19 次时，包络熵值不再变化，停止在了

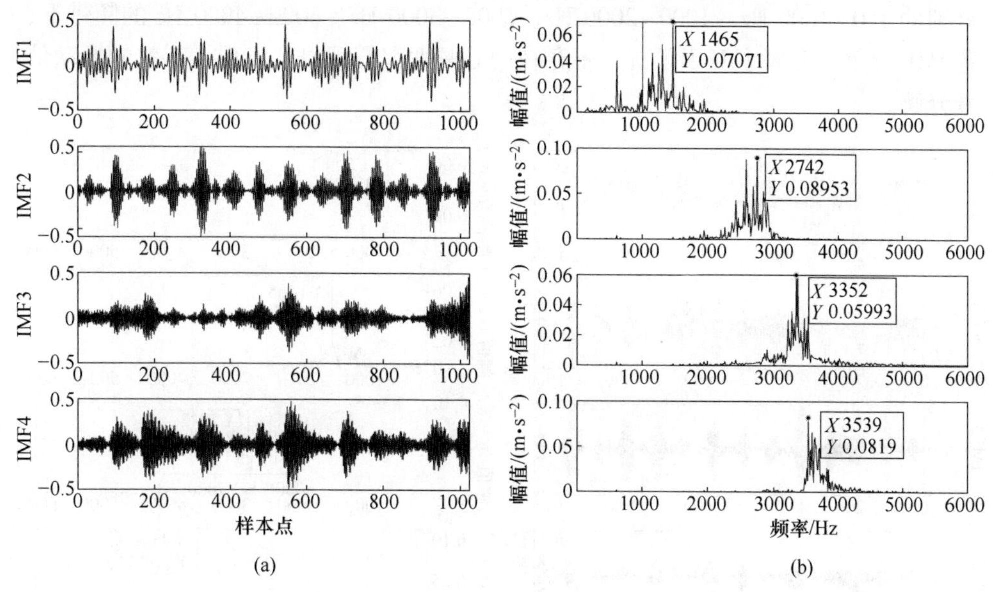

图 4-15 未参数优化的 VMD 仿真故障信号分解图

（a）VMD 分解时域；（b）VMD 分解频谱

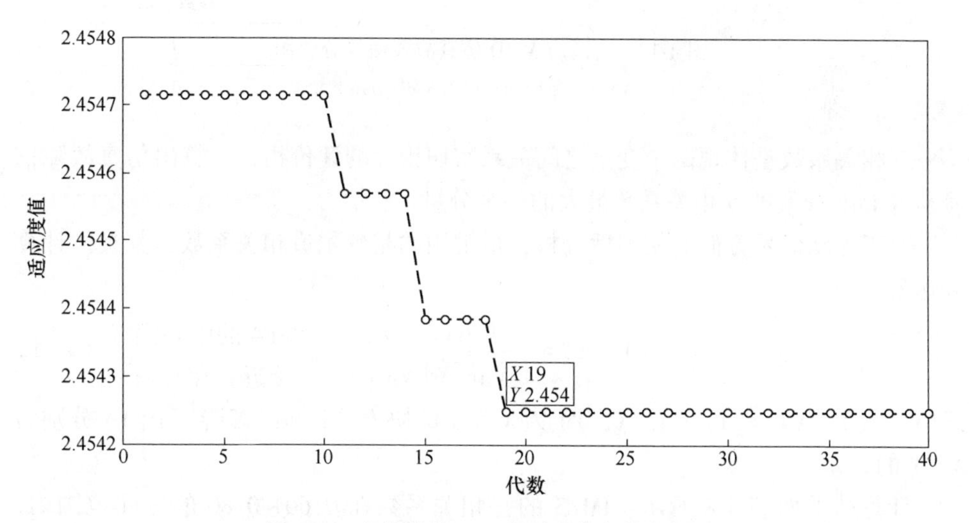

图 4-16 包络熵随 SSA 种群迭代次数变化图

2.45425 的数值，说明 SSA 算法对仿真故障信号的最小包络熵值的搜索已达到了最优目标，此时对应的分解层数 $k=4$，惩罚因子 $\alpha=1324.2$，再利用所得到的最优参数形成自适应的 VMD，对仿真故障信号进行分解降噪。如图 4-17 所示，仿真故障信号经过自适应 VMD 分解后，得到了四层时域和频谱图，由图中可以看出，IMF1～IMF4 的频谱中心频率分别为 609.4 Hz、1465 Hz、2742 Hz、3539 Hz，分别处于 0～1000 Hz、1000～2000 Hz、2000～3000 Hz、3000～4000 Hz 的频带上，各 IMF 分量中心频率互不干扰，不存在中心频率混叠现象，实现了有效的振动信号分解。

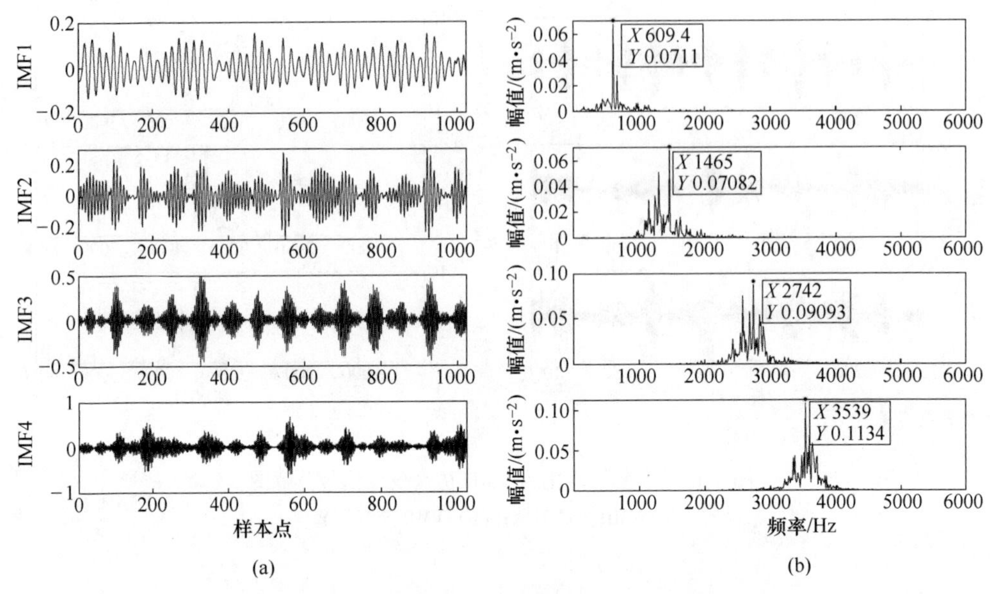

图 4-17　自适应 VMD 仿真故障信号分解图

（a）VMD 分解时域；（b）VMD 分解频谱

互相关系数是体现两个变量之间关系密切程度的评价指标，算出仿真故障信号与各 IMF 分量的互相关系数最大的一个分量。

对于振动信号方面的相关性分析，最常用的是皮尔逊相关系数，其具体计算表达公式如下：

$$r(Y,\ X)=\frac{\mathrm{Cov}(X,\ Y)}{\sqrt{\mathrm{Var}[X]}\,\mathrm{Var}[Y]} \tag{4-41}$$

式中，$|r(Y,\ X)|\leqslant 1$；$\mathrm{Cov}(X,\ Y)$ 为 X 和 Y 的协方差；$\mathrm{Var}[X]$、$\mathrm{Var}[Y]$ 分别为 X、Y 的方差。

计算结果如表 4-8 所示，IMF3 的互相关系数在 0.60～0.80 的区间范围内，属于强线性相关程度，最能还原仿真故障信号的故障信息。

表 4-8　各 IMF 分量与仿真故障信号的互相关系数

IMF 分量	IMF1	IMF2	IMF3	IMF4
互相关系数	0.731	0.869	0.482	0.157

为验证 KPCA 算法对特征降维的有效性，将自适应 VMD 分解出的仿真故障

信号的IMF2分量进行4.2节所提出的时域、频域及能量熵特征的计算，然后利用KPCA算法对多域特征进行主元贡献率的计算，以85%的主元贡献率作为评判标准，筛选出核主元特征，达到特征降维的目的，得到的KPCA特征主元贡献率如图4-18所示。

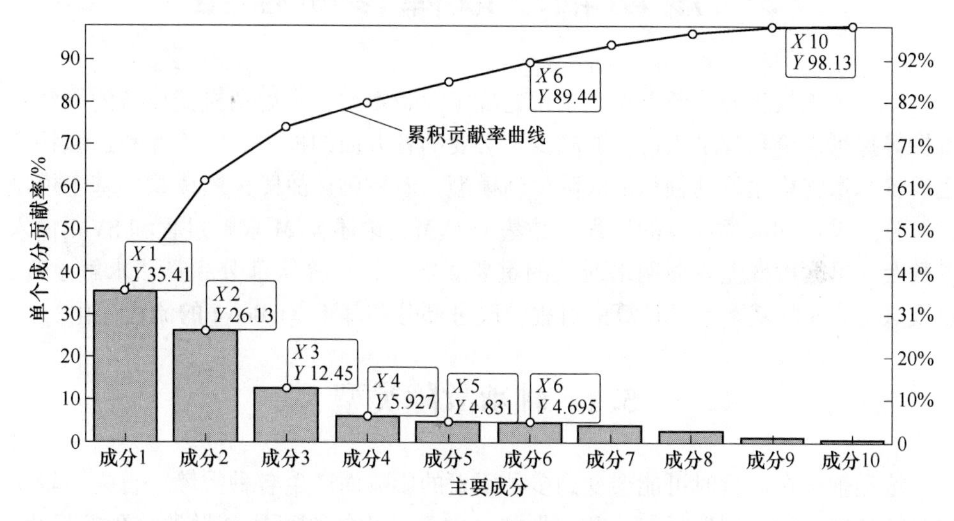

图4-18 KPCA主元贡献率帕累托图

图4-18中，仅展示了前10个成分的主元贡献率及累积主元贡献率，图中总累积贡献率为98.13%，还存在着其他微弱贡献率成分未显示出来；由图中可以看出前6个主元成分的贡献率分别为35.41%、26.13%、12.45%、5.927%、4.831%、4.695%，前6个主元故障特征成分的累计贡献率为89.44%，超过了前文所规定的85%的累计贡献率，能代表绝大多数的故障特征。4.2节提出的多域特征包含16个时域特征，13个频域特征，以及IMF分量的能量熵特征，共30个特征，也就是30维特征，而KPCA算法可牺牲掉后面其他贡献率很微小的成分，将多域故障特征由原来的30维降低到了现在的6维，进而取得提高计算速度的效果，从而也体现出了本书所运用的KPCA算法可实现对滚动轴承故障特征的降维。

5　滚动轴承故障诊断模型

滚动轴承故障的诊断重点在于预先确定故障类型，为后期机械设备的检修和维护等提供理论和技术支持，并减少不必要的各方面的损失。经降噪和选取特征之后，本章将构建滚动轴承的故障诊断模型，着重阐述故障诊断模型、基于模型进行算法设计和求解计算的过程，并基于 SVM、论述 SVM 求解过程和 SVM 输入参数及一维深度残差收缩网络对其的重要影响，设计算法部分和算法求解过程，以及 XGBoost 的基本推导计算的过程、改进部分和基于 XGBoost 的流程优化。

5.1　轴承故障类型

滚动轴承在运行时可能会受到多种因素的影响而产生各种故障。首先，轴承自身的特性，例如制造材料、几何形状、内部结构等都可能会导致故障的发生。其次，外部条件也会对轴承的运行产生影响，例如负载、转速、温度、湿度等因素都会对轴承的寿命产生影响。最后，由于长时间运转或不良使用等原因，轴承会损坏。常见的类型有以下几种。

（1）磨损性故障。磨损性故障是指在轴承长时间运行过程中，由于摩擦和磨损引起的故障。轴承通常由内、外轨和滚动体组成，当它们之间接触不良或润滑不足时，就会发生磨损性故障。轴承磨损性故障的主要表现是轴承表面的磨损和疲劳裂纹，导致轴承失去正常的旋转支持和传动能力，进而影响机器的正常运转。磨损性故障如图 5-1 所示。

（2）腐蚀性故障。轴承腐蚀性故障是指在运转中，轴承表面由于介质的侵蚀、化学反应等原因导致的表面局部或全面的失效现象。轴承腐蚀性故障通常表现为轴承表面粗糙、磨损，如图 5-2 所示，从而影响轴承的性能。轴承腐蚀性故障主要由润滑油中含有的杂质、水分、酸性物质等引起，也可能与外部环境、工作条件等因素有关。

（3）裂纹和断裂性故障。裂纹和断裂性故障是指轴承表面或内部出现裂纹或断裂引起的故障，如图 5-3 所示。这种故障通常由材料疲劳、应力集中、表面损伤或过载等原因引起。在轴承使用过程中，裂纹或断裂会导致轴承失效，严重时会导致设备故障或损坏。

（4）滚道表面疲劳剥落故障。滚道表面疲劳剥落是指在轴承工作过程中，

图 5-1 磨损性故障

图 5-2 腐蚀性故障

由于长时间的疲劳循环荷载作用，滚道表面会产生裂纹，然后会在接下来的循环荷载作用下逐渐扩展，导致滚道表面出现小坑洼和剥落现象，如图 5-4 所示。

（5）胶合性故障。胶合性故障是指轴承的滚动体和保持架因长期处于高温、高压和高速等复杂工况下，其表面的金属材料熔化或软化后，随着工作时的摩擦作用而形成的胶合物，如图 5-5 所示。这种胶合物的形成会导致轴承在运转时不断地振动、摩擦和磨损，从而降低轴承的工作效率，甚至导致轴承故障。

（6）保持架损伤故障。轴承的保持架是用于保持滚动体之间的距离和位置

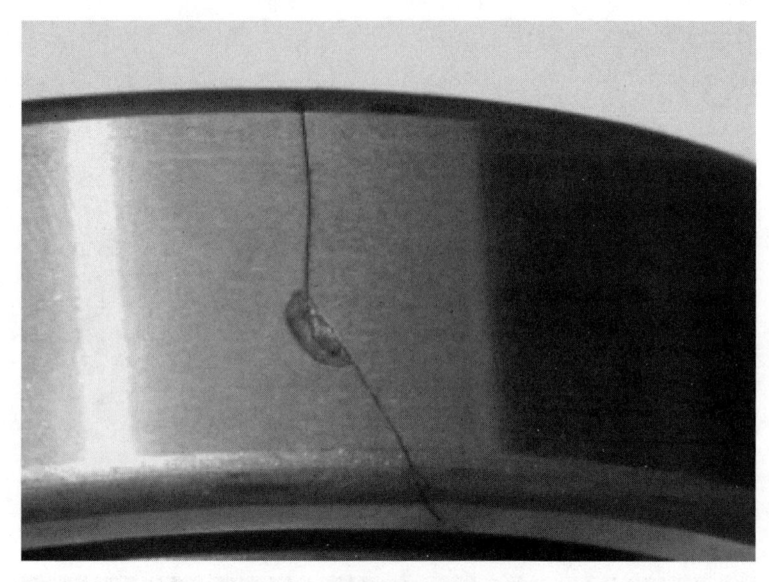

图 5-3　裂纹和断裂性故障

图 5-4　滚道表面疲劳剥落故障

的组件。当保持架发生损伤时，会导致滚动体摩擦、碰撞和错位，进而引起轴承故障。保持架损伤的原因可能包括疲劳、材料缺陷、过度负载等。常见的保持架故障包括裂纹、断裂、变形等，如图 5-6 所示。这些故障会导致轴承的震动和噪声增加，甚至可能引起轴承失效。

图 5-5　胶合性故障

图 5-6　轴承保持架损伤

5.2　一维深度残差收缩网络模型

本书提出一种结合残差网络、软阈值化和注意力机制的模型，即一维深度残差收缩网络模型（one dimensional deep residual shrinkage networks，1DDRSN）。

1DDRSN 和 DRSN 都是通过残差连接来构建深层网络结构的，但是它们的实现方式和应用场景存在一些区别。1DDRSN 是针对一维数据的特殊形式，它的输入和输出都是一维的，中间层采用残差块来增强模型的深度和非线性表达能力。

在每个残差块中，网络先通过一维卷积降低维度，经过残差块增加深度，然后经过一维卷积升高维度，最终输出预测结果。1DDRSN 的特点在于具有较少的参数量和计算量，适合于对时间序列等一维数据进行建模。

而深度残差收缩网络是针对一般的多维数据而设计的，其核心思想是通过残差连接来解决网络难以优化的问题。深度残差收缩网络通过跨层连接来传递信息，使得网络能够更好地适应于复杂的非线性特征，并具有较强的表达能力。其基本结构是通过多个残差块来构建深层网络，每个残差块由多个卷积层、批量归一化层和激活函数构成。深度残差收缩网络的优点在于可以适用于图像、语音等多维数据的建模，具有较强的非线性表达能力和准确性。

因此，一维深度残差收缩网络和深度残差收缩网络的主要区别在于应用场景和网络结构设计。一维深度残差收缩网络更适用于一维数据的建模，具有较少的参数量和计算量，而深度残差收缩网络适用于多维数据的建模，具有较强的非线性表达能力和准确性。

故障诊断常见问题中，由于噪声影响较常见，模型有必要将这部分噪声的影响降至最低，并更加注意模型对有效信息的利用。对于这一问题将运用到深度残差收缩网络中的注意力机制，就是将注意力集中于关键信息。注意力机制是通过一个小型的子网络，自动学习得到一组权重，对特征图的各个通道进行加权，通过这种方式增强有用的特征通道、削弱冗余特征通道。其基本模块如图 5-7 所

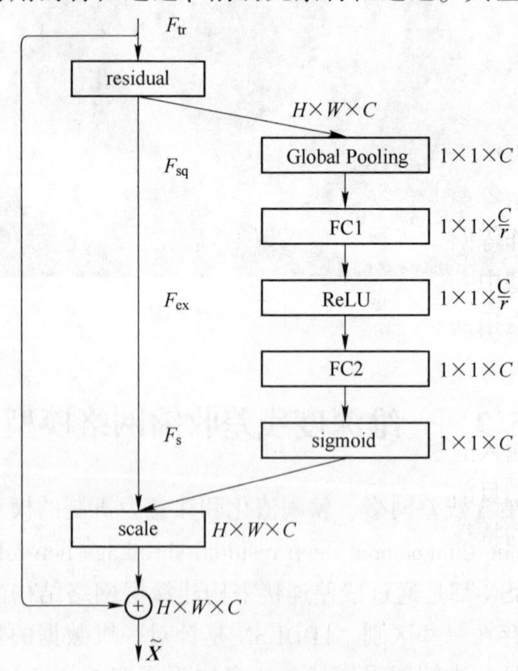

图 5-7　SENet 模块

示。深度残差收缩网络是一种基于 SENet 的改进，它通过加权来赋予各个特征通道合适的权重，而这些权重则是由软阈值化处理得到的。每个样本都有自己的权重值，并且更容易进行训练。

（1）F_{tr}：卷积操作，设 $V=[v_1, v_2, \cdots, v_c]$ 为学习的滤波器内核集，v_c 表示第 c 个滤波器的参数，输出 $U=[u_1, u_2, \cdots, u_c]$。

$$X \longrightarrow U,\ X \in R^{W' \times H' \times C'},\ u \in R^{W \times H \times C} \tag{5-1}$$

$$u_c = v_c * X = \sum_{s=1}^{c'} v_c^s * x^s \tag{5-2}$$

式中，$*$ 为卷积符号；v_c^s 为一个 s 通道的卷积核。

（2）F_{sq}：压缩操作。通过使用全局平均池，使 c 个通道最终成为 $1\times1\times c$ 的实数序列，z 的第 c 个通道计算如下。

$$z_c = F_{sq}(u_c) = \frac{1}{H \times W}\sum_{i=1}^{H}\sum_{j=1}^{W} u_c(i, j),\ z \in R^C \tag{5-3}$$

（3）F_{ex}：激励操作。通过 gating 减少通道个数从而降低计算量，学习各个通道间的非线性关系。

$$s = F_{ex}(z, W) = \sigma(g(z, W)) = \sigma(W_2(W_1 z)) \tag{5-4}$$

（4）F_s：对于输入特征 U，使用 sigmoid 激活函数对其进行处理，得到范围在 0~1 之间的激活值。接着，将每个通道的激活值与原始特征 U 相乘，得到每个通道的加权特征。

$$\tilde{x}_c = F_s(u_c, s_c) = s_c \cdot u_c \tag{5-5}$$

在深度学习模型的训练过程中，损失函数是评估模型输出与真实标签之间误差的一种度量。为了减小误差并提高模型性能，使用反向传播算法来更新模型参数。在卷积神经网络等深度学习模型中，反向传播通常需要逐层计算梯度，这会导致梯度消失或爆炸等问题，从而降低模型性能。因此，残差网络被提出。

在深度学习模型中，信号的非线性处理对于提高模型性能非常重要。软阈值化处理信号是一种常用的非线性处理方法，通过对信号进行适当的压缩和阈值化来减少噪声干扰并提高信号的质量，以提高模型的性能和鲁棒性。

在残差网络中，阈值是通过所嵌入的小型网络所获取的。

为了进一步对输入的轴承振动信号进行降噪处理，引入软阈值化，将其嵌入改进后的残差块中。目前，软阈值化是许多去噪算法的核心步骤，其可以去除特征绝对值小于阈值的特征，可以将绝对值大于阈值的特征缩小到 0。软阈值函数如下所示：

$$y = \begin{cases} x - \tau, & x > \tau \\ 0, & -\tau \leqslant x \leqslant \tau \\ x + \tau, & x < -\tau \end{cases} \tag{5-6}$$

式中，x 和 y 分别为输入和输出，表示阈值。阈值设置必须满足两个条件：一是阈值为正，二是阈值不能大于输入的最大值。此外，最好根据输入噪声设置相应的独立阈值。软阈值函数的导数如下：

$$\frac{\partial y}{\partial x}=\begin{cases}1, & x>\tau \\ 0, & -\tau \leqslant x \leqslant \tau \\ 1, & x<-\tau\end{cases} \tag{5-7}$$

从上面可以看出，函数只能是 1 或 0，与 ReLU 具有相同的性质。因此，软阈值化不仅可以减少噪声干扰，还可以避免模型梯度消失的问题。软阈值化及其导数如图 5-8 所示。

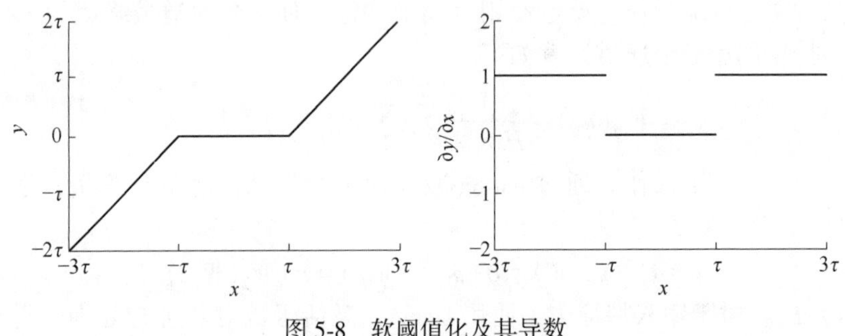

图 5-8　软阈值化及其导数

综上所述，1DDRSN 网络如图 5-9 所示。

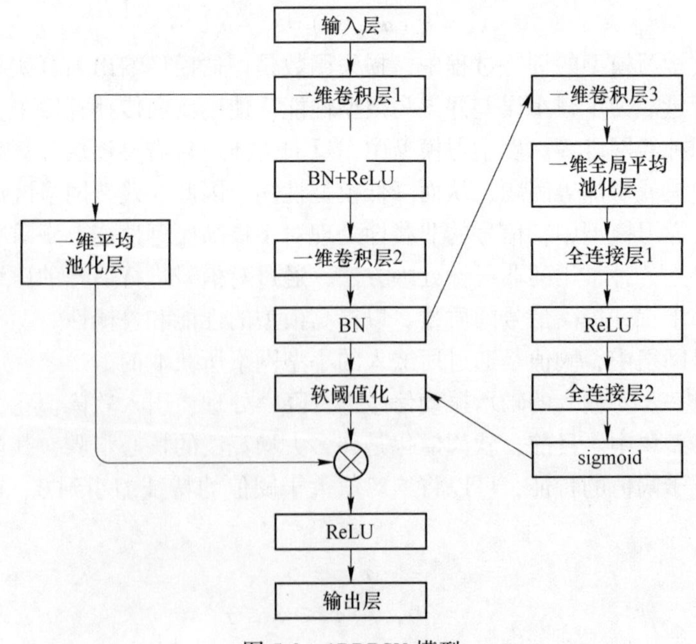

图 5-9　1DDRSN 模型

参数设置如表 5-1 和表 5-2 所示。针对一维信号的处理，可以使用一维卷积层来进行特征提取，避免了对原始信号进行二维转换的预处理工作，从而大大提高了工作效率。通常将模型的输入维度设置为 6000×1，实验结果表明，随着卷积核宽度的增加，特征提取效果会先增加后趋于稳定。然而，当卷积核宽度达到一定值后，进一步增加卷积核宽度对特征提取的效果影响不大。同时，较大的卷积核有利于过滤噪声，因此第一层卷积核通常被设置为 64×1，并使滑动步长为 1。这样的参数设置可以有效提取信号的特征，并过滤掉噪声干扰，从而提高模型的预测精度。

表 5-1 卷积层参数设置

参数设置项	卷积核宽度	卷积核步长
一维卷积层 1	64	1
一维卷积层 2	64	1
一维卷积层 3	64	1

表 5-2 SENET 参数设置

参数设置项	参　数
一维全局平均池化层	steides = 2
全连接层 1	kernel _ initializer = ' he _ normal' kernel _ regularizer = L2(1e-4)
全连接层 2	kernel _ regularizer = L2(1e-4)

5.3 SVM 的参数寻优过程

5.3.1 多分类支持向量机

多分类支持向量机是基于 3.4.2 节所描述的支持向量机衍生出的多分类器，因滚动轴承健康管理问题是多分类问题，前文所描述的支持向量机只适用于处理二分类问题，因此必须构建多分类支持向量机来处理这一问题。而对于多分类支持向量机的构建策略主要分为两种：一是将一种类别的样本与其他类别的样本区分开，实现对二分类问题的二次改善；二是把多分类问题分化为许多二分类问题，再将所有分类结果进行归纳汇总，从而输出多分类结果。

5.3.1.1 一对多策略支持向量机

一对多策略（one-against-rest，OAR）支持向量机实际上是将输入样本的训练集 $\{x_i, y_i\}$ 进行划分，$i=1, 2, \cdots, n$，$x_i \in R^N$，$y_i \in \{1, 2, \cdots, k\}$，$x_i$ 为所要分类的样本，y_i 为其所属于的类别，从而构建出 k 个二分类支持向量机。如

图 5-10 所示，在每次输入样本值时，将其中的某一类输入的训练样本界定为+1 种类，剩余所有的其他样本全部界定为-1 种类，当测试样本进行分类判断时，将测试样本从 SVM1 开始输入，一直到 SVMK。经过所有的 SVM 分类比对，计算其决策函数值，其决策函数值最大的 SVM 的类别即为测试样本类别。

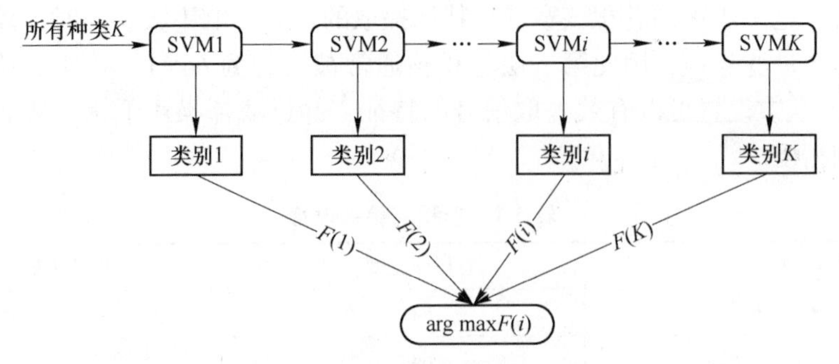

图 5-10 一对多策略 SVM 流程图

第 i 个 SVM 的优化问题如下。

$$\begin{aligned} &\min_{w^i,\ b^i,\ \xi^i} \frac{1}{2} \| \boldsymbol{w}^i \|^2 + C\sum_{t=1}^{n} \xi_t^i \\ &\text{s.t. } (\boldsymbol{w}^i)^{\mathrm{T}} \cdot \phi(x_t) + b^i \geqslant 1 - \xi_t^i,\ \text{if } y_t = i \\ &(\boldsymbol{w}^i)^{\mathrm{T}} \cdot \phi(x_t) + b^i \leqslant -1 + \xi_t^i,\ \text{if } y_t \neq i \\ &\xi_t^i \geqslant 0,\quad t = 1,\ \cdots,\ n \end{aligned} \tag{5-8}$$

计算后，求出第 i 个决策函数为：

$$F(i) = (\boldsymbol{w}^i)^{\mathrm{T}} \cdot \phi(x) + b^i \tag{5-9}$$

测试样本属于决策函数值最大的那一类：

$$\arg\max F(i) = \arg\max_i ((\boldsymbol{w}^i)^{\mathrm{T}} \cdot \phi(x) + b^i) \tag{5-10}$$

此策略仅需计算 K 个 SVM 的决策函数值就能知道待分类样本的分类结果，因此具有分类迅速、操作简单等优点，但同时也存在缺陷，主要包含以下几个方面：

（1）当有新的类别需要分类而加入时，必须对所有模型重新进行训练。

（2）在每个二分类 SVM 的构建过程中，需要将所有样本都作为训练样本，而随着样本数量的不断增加，其训练速度会越来越慢，也就不适用于滚动轴承这种振动信号数据较多的样本。

（3）因一对多策略的固有原理而造成-1 类别样本数量比+1 类别样本数量高得多，进而造成样本数量无法保持全面平衡，容易导致样本分类错误，从而增加样本错分率。

5.3.1.2 一对一策略支持向量机

一对一策略（one-against-one，OAO）支持向量机的训练集样本设置与一对多策略支持向量机一致，不同点在于一对一 SVM 是在任意的两类训练样本之间构建二分类器，假设共有 K 类样本，则就需要构建 $K(K-1)/2$ 个二分类 SVM，逐一对比，形成类似树状的流程，如图 5-11 所示。

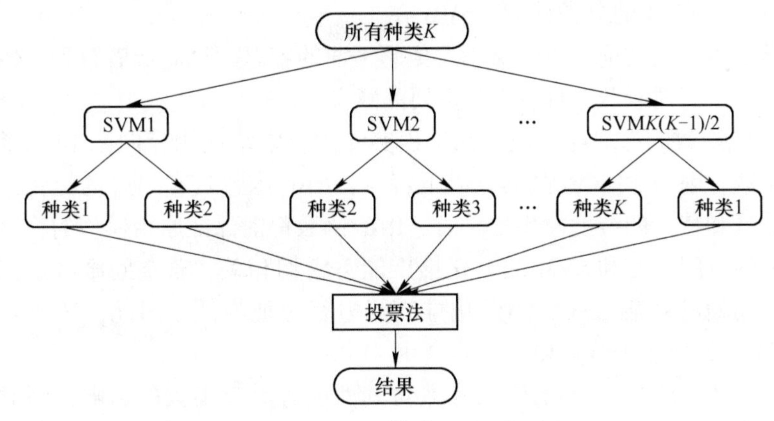

图 5-11 一对一策略 SVM 流程图

则上述优化问题的计算公式如下。

$$
\begin{aligned}
&\min_{w^{ij},b^{ij},\xi^{ij}} \frac{1}{2} \| \boldsymbol{w}^{ij} \|^2 + C\sum_{t=1}^{n} \xi_t^{ij} \\
&\text{s.t. } (\boldsymbol{w}^{ij})^{\mathrm{T}} \cdot \phi(x_t) + b^{ij} \geqslant 1 - \xi_t^{ij}, \text{ if } y_t = i \\
&(\boldsymbol{w}^{ij})^{\mathrm{T}} \cdot \phi(x_t) + b^{ij} \leqslant -1 + \xi_t^{ij}, \text{ if } y_t = j \\
&\xi_t^{ij} \geqslant 0,\ t = 1, \cdots, n
\end{aligned}
\tag{5-11}
$$

在一对一策略 SVM 中，测试样本的类别采用投票法进行确定，将测试样本 x_i 输入 SVM 分类器中进行两两对比，若 $(\boldsymbol{w}^{ij})^{\mathrm{T}} \cdot \phi(x) + b^{ij} > 0$，则分类器认为 x_i 属于 y_i 类别，就给 y_i 加上一票，反之，给 y_j 加上一票，最终，投票数最多的种类即为 x_i 属于的种类。

虽然一对一策略 SVM 与一对多策略 SVM 相比需要构建更多的二分类器，从表面上看，其计算效率要低于一对多策略 SVM，但实际上由于一对一策略 SVM 是进行两两样本分类对比的，而一对多策略 SVM 是每进行一次样本分类就需要将其与所有样本进行对比。从这方面来看，一对一策略 SVM 运行速度会优于一对多策略 SVM，同时，滚动轴承故障分类及健康划分问题构建 SVM 分类器数量较少。因此，一对一策略 SVM 更适用于滚动轴承健康问题的处理。

5.3.2 SVM 模型的输入参数

在 SVM 分类器中，选取合适的输入参数对于整个模型故障诊断的效果至关重要，两者参数对于 SVM 诊断模型结果造成的影响如图 5-12 所示。

误差惩罚参数 → SVM模型 ← 核函数参数

图 5-12 两种参数对 SVM 的影响

（1）误差惩罚参数。惩罚参数 c 的作用在于数据集合中能容忍分类错误的前提下，尽可能在复杂度之间获得一个最优值以保证 SVM 的分类性能。SVM 在保证分类不出错误的前提下，又不希望超平面的容忍度过高或者过低。因此，选择合适的误差惩罚参数 c 具有十分重要的意义。

（2）核函数的选取与参数。在工程实际中，常常使用径向基 RBF 函数作为输入核函数，因为 RBF 函数具有以下特点：RBF 函数具有很好的泛化能力，当样本的数量和特征的维度发生变化时，RBF 函数都能保证原始模型的稳定性，其中，样本的空间维度和 SVM 的泛化推广能力密切相关，若空间维度过高，其最优超平面会相对复杂，SVM 的泛化推广能力相应地降低，因此，选取合适的核参数对 SVM 的性能十分重要。

综上所述，两个 SVM 的输入参数对其性能等具有很大的影响，因此，本书为了选取合适的 SVM 输入参数，通过算法求解参数的流程获取合适的参数大小，以保障 SVM 模型良好的性能。

5.3.3 GS-PSO 参数寻优过程

粒子群算法（partical swarm algorithm，PSO）由 Eberhart 博士等提出[162]。PSO 算法模仿鸟类觅食的整个过程达到数值寻优的最终目的。其中，PSO 算法先求解每个粒子的最优适应值，多次迭代后得到整体最优值，其包含若干参数，通过调整参数的不同大小可以使得 PSO 算法获得更好的效果。PSO 的计算公式为：

$$V_i^k = \omega_k V_i^{i-1} + c_1 r_1 (Q_i^b - Q_i^{k-1}) + c_2 r_2 (Q_g^b - Q_i^{k-1})$$
$$Q_i^k = Q_i^{k-1} + V_i^k \tag{5-12}$$

式中，V_i为粒子速度；Q 为粒子的当前位置；Q_i^b 为个体极值（P-best）；Q_g^b 为全局极值（G-best）；ω_k为惯性因子；$i=1, 2, \cdots, k$，为粒子总数；c_1为学习因子1；c_2为学习因子 2；r_1/r_2为 0~1 之间的随机数。

PSO 算法寻优的基本过程如下：

（1）各粒子数值初始化；

（2）计算各粒子适应度值并记录在 P-best 中，再选择 P-best 中适应度值中的最优值记录在 G-best 中；

（3）更新粒子速度位置；

（4）比较每个粒子的极值与之前的最优值，如果较好则选择它，反之继续比较；

（5）比较当前所有的 G-best 和上一迭代周期的 G-best，并更新；

（6）达成要求则停止计算，否则返回步骤（2）。

PSO 算法的步骤流程图如图 5-13 所示。

图 5-13 为 PSO 的计算步骤流程图，而 PSO 算法易陷入局部最优的问题，势必影响故障诊断模型后期的分类精度的问题，本书采用联合优化算法 GS-PSO 以解决上述问题。

GS（grid search）网格搜索算法作为一种数据搜索算法，从多个维度进行并行搜索，在选定的数据范围内对所有的数据集合进行验证，并通过交叉验证的计算过程来获取选定参数集合的平均识别准确率，当参数的寻优区间比较大且步长比较小的时候，GS 能搜索到全局最优解。GS 支持并行搜索，不仅准确率高，还能提升模型分类速度。GS-PSO 算法的步骤流程图如图 5-14 所示。

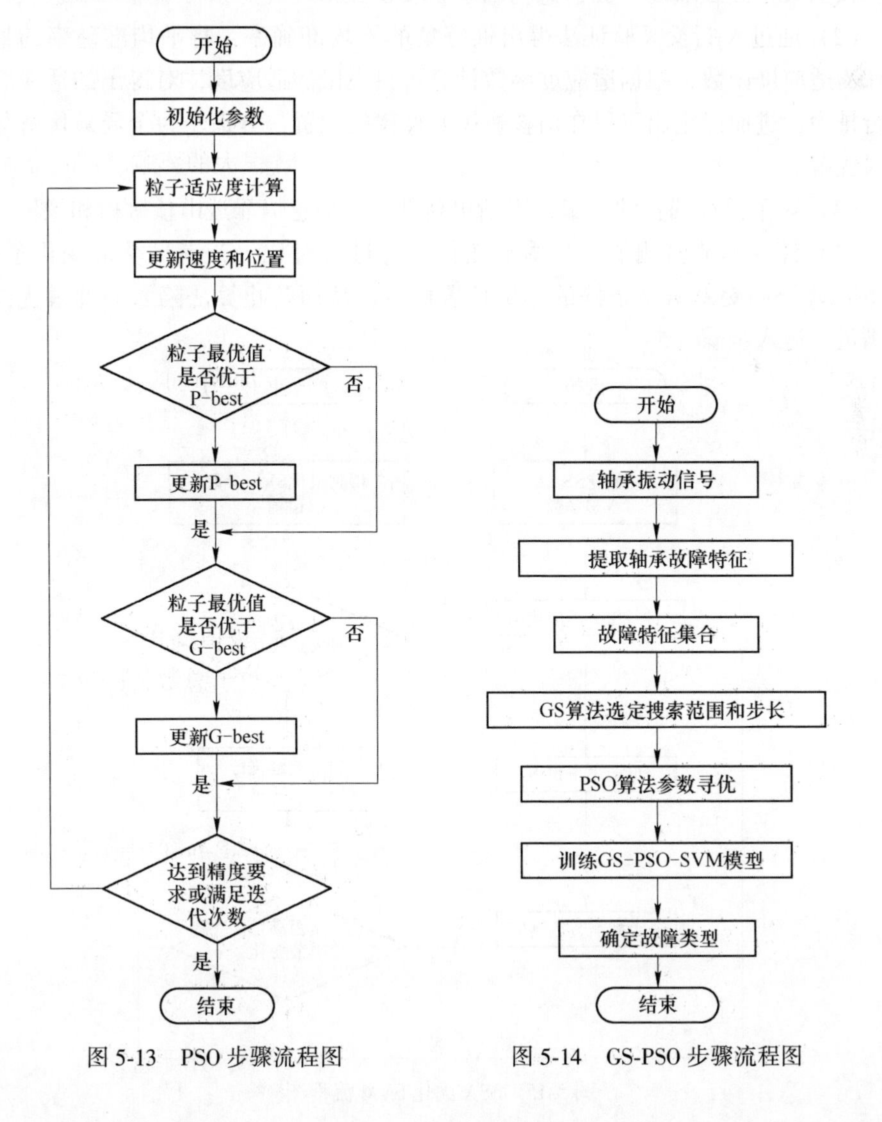

图 5-13　PSO 步骤流程图　　图 5-14　GS-PSO 步骤流程图

图 5-14 为 GS-PSO 联合的计算流程，经联合参数寻优过程之后，基于 SVM 的故障诊断模型能得到提升。

5.3.4　SSA 参数寻优过程

图 5-15 为利用 SSA 对 SVM 的核函数参数 g 和惩罚参数 c 进行优化的流程图，具体寻优过程如下：

（1）设置 SSA 初始化参数，包括飞鼠种群规模、迭代次数、滑行步长、捕食概率等。将核函数参数 g 和惩罚参数 c 作为飞鼠的初始位置及优化目标。其中，核函数参数 g 取 0～100，惩罚因子 c 取 0～100。

（2）通过 K 折交叉验证法得出训练集的平均准确率，将平均准确率的最优值作为适应度函数，根据适应度函数计算每只飞鼠的适应度，对得出的适应度值进行排序，进而确定出飞鼠在山核桃树和橡树的位置，分别作为全局最优解与局部最优解。

（3）对于仍在捕食的飞鼠，不断更新其位置信息以靠近山核桃树和橡树。

（4）计算季节监测值，与季节变化条件进行对比，若满足季节变化条件，利用 Levy 飞行更新满足条件的飞鼠位置信息，从而防止算法陷入局部最优，若不满足，进入步骤（5）。

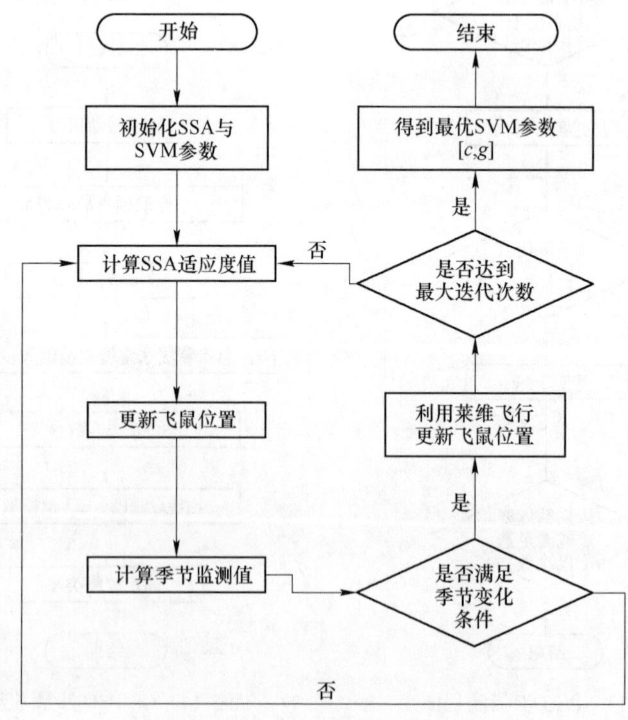

图 5-15　SSA 优化 SVM 流程图

（5）回到步骤（2）接着寻优，直到满足最大迭代次数后，算法终止，将山核桃树上飞鼠位置当作全局最优解输出，即为核函数参数 g 和惩罚参数 c 的最优值。

5.4　基于SSA-SVM的轴承故障诊断模型

前期完成了大量的准备工作，利用自适应VMD-KPCA方法进行了信号处理及特征提取模型的构建，并分析了一对多和一对一SVM的优劣之处，同时制定了SSA算法优化SVM的详细流程，接下来融入健康状态评估指标和故障报警阈值等，完成滚动轴承故障诊断模型和健康状态评估模型的构建，实现滚动轴承健康管理中较为重要的两个方面。

本书基于支持向量机的滚动轴承故障诊断模型构建流程如下：

（1）对权威数据中心实测出的滚动轴承不同故障的振动信号数据集进行预处理，剔除与其他数值相比较为突出的异常值。

（2）将处理后的滚动轴承不同故障类型的振动信号输入VMD中，以最小包络熵作为适应度函数，利用SSA算法对VMD中的分解层数 k 和惩罚因子 α 求得最优值，形成自适应的VMD，将振动信号分解成多个IMF分量，并生成对应的各IMF分量振动信号分解图。

（3）将相关系数最大的IMF分量输入时域、频域和能量熵组成的多域故障特征集中进行计算，然后利用KPCA算法根据故障主元贡献率对冗余特征进行筛选，从而实现对故障特征的降维融合。

（4）采用一对一策略SVM构建多个故障分类器，因滚动轴承故障类型分为正常、内圈故障、外圈故障、滚动体故障四类，所以需在分类器中设置四种类型的标签，利用投票法实现对故障样本的分类，整个故障诊断过程分成训练阶段与测试阶段，训练集与测试集的占比为7∶3。

（5）将训练集数据输入SVM中，以 K 折交叉验证后的最优平均诊断准确率作为适应度函数，利用SSA算法对SVM中的核函数参数 g 和惩罚参数 c 求得最优值，形成SSA优化后的SVM。

（6）将测试集故障数据输入SSA优化后的SVM中，经过多次测试寻得其故障诊断准确率最优值，并记录其算法运行时间。

为更直观体现模型构建思路，建立故障诊断模型的流程如图5-16所示。

采用Matlab软件对libsvm工具箱进行调用，可避免SVM中过多的参数调节，不需要按照多分类的对应算法进行编程，就可达到解决多分类问题的目标，从而更简便地实现本书滚动轴承故障诊断模型中四分类支持向量机的构造。

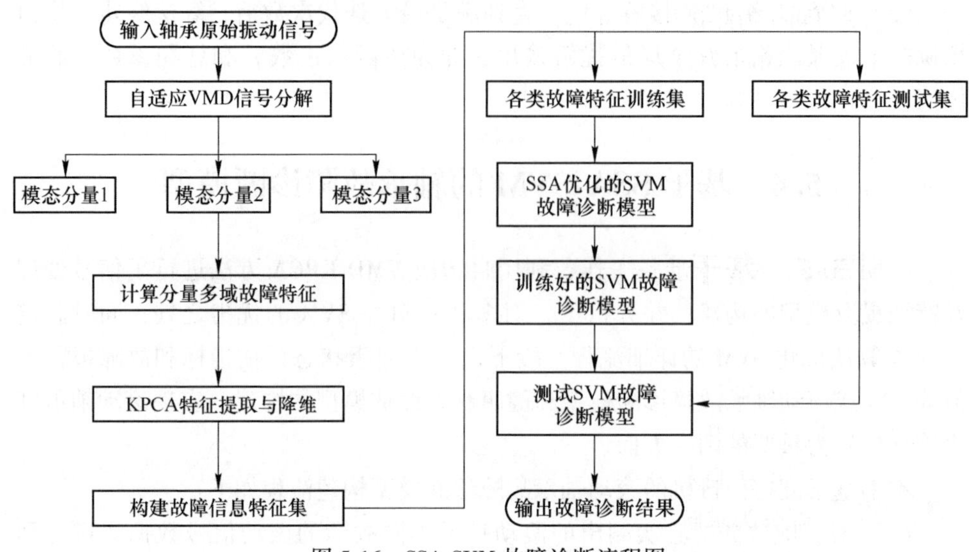

图 5-16　SSA-SVM 故障诊断流程图

几种需要相关语句进行设置的参数如下：

（1）决定核函数种类的 t 参数，采用 RBF 高斯核函数，将其设置为默认值 2。

（2）确定支持向量机类别的 s 参数，因采用一对一策略的 SVM 来构建分类器，所以将此参数设置为 1。

（3）惩罚参数 c 与核函数参数 g 前文中已经给出二者的取值范围［0，100］，利用 SSA 算法根据适应度函数寻求二者的最优值。

将重要参数设置完成后，对 SVM 模型进行训练，训练调用方式如下：

$$\text{Model} = \text{svmtrain}(\text{train\_label},\ \text{train\_matrix},\ \text{libsvm\_option}) \tag{5-13}$$

式中，train _ label 为 n 个训练样本所组成的 $n\times1$ 的矩阵标签；train _ matrix 为训练样本故障特征矩阵；libsvm _ option 为前文设置过相关训练参数。

其中，libsvm _ option 的函数格式为：

$$\text{libsvm\_option} = [\text{'}-v\ K\text{'},\ \text{'}-s\ 1\text{'},\ \text{'}-t\ 2\text{'},\ \text{'}-c\ \text{best}\ c\text{'},\ \text{'}-g\ \text{best}\ g\text{'}] \tag{5-14}$$

式中，$-v\ K$ 为选择 K 折交叉验证方法；$-c$ best c 为 SSA 寻优后的惩参数 c 最优值；$-g$ best g 为 SSA 寻优后的核函数参数 g 最优值。

该模型在进行滚动轴承故障诊断时，将自适应 VMD-KPCA 处理后的振动信号故障特征向量按照式（5-15）输入 Model 中，就可输出其标签（1，2，3，4），根据标签可知道其故障类别，从而实现滚动轴承的故障诊断。

$$[\text{predict\_label},\ \text{accuracy}] = \text{svmpredict}(\text{test\_label},\ \text{test\_matrix},\ \text{Model}) \tag{5-15}$$

式中，test _ label 为测试样本的真实类别标签；test _ matrix 为测试样本故障特征矩阵；predict _ label 为第一个返回值，SVM 所预测的类别标签；accuracy 为第二个返回值，诊断准确率。

根据预测故障类别标签与真实故障类别标签对比结果，从诊断准确率和诊断时间两方面检测故障诊断模型的实际效果。

5.5　基于改进 XGBoost 的轴承故障诊断模型

传统的故障诊断模型面向数据量大时存在诊断准确度低下的问题，经参数优化的 SVM 模型计算过程之后，本书又采用 XGBoost 作为提升准确度的依据。XGBoost 优势在“提升”，它能极大地提升模型分类精度，体现在泰勒二阶展开的计算之上，并在目标函数之外加入惩罚项以控制分类模型的性能[163]。XGBoost 中一部分为求解损失函数，用以计算每种特征集合最终的得分；另一部分为正则惩罚项，惩罚项包括叶子节点的数量和叶子节点的分数。本书通过控制合适的节点数量和分数避免预测模型过分训练数据集导致的过拟合现象，以下为 XGBoost 的基本推导过程。

XGBoost 中包含多棵 CART 决策树，每一棵 CART 树计算 K 棵树的预测结果，求和之后得到最终的预测值，计算公式如下：

$$\hat{y}_i = \sum_{k=1}^{K} f_k(x_i),\ f_k \in F \tag{5-16}$$

式中，x_i为第 i 个类别标签；$f_k(x_i)$ 为第 k 棵 CART 树的预测输出；$k=1$，2，…，K，为树的数量。

XGBoost 计算公式由两部分组成，一部分是求解函数，另一部分是正则项：

$$L(\Phi) = \sum_i l(\hat{y}_i,\ y_i) + \sum_k \Omega(f_k) \tag{5-17}$$

$$\Omega(f) = \gamma T + \frac{1}{2}\lambda \|\boldsymbol{\omega}\|^2 \tag{5-18}$$

式中，$\hat{y}_i$ 为第 i 轮模型的预测值；y_i为第 i 个样本的真实值（标签）；T 为每棵树的叶子节点数量；$\boldsymbol{\omega}$ 为每棵树的叶子节点分数集合；γ 为叶子数；λ 为叶子节点数。

XGBoost 中，二阶泰勒展开的计算推导公式如下：

$$L^{(t)} = l(y_i,\ \hat{y}_i^{(t)}) + \sum_{i=1}^{t} \Omega(f_i) = \sum_{i=1}^{n} l(y_i,\ \hat{y}_i^{(t-1)} + f_t(x_i)) + \Omega(f_t) + \text{constant} \tag{5-19}$$

$$L^{(t)} = \sum_{i=1}^{n} [2(\hat{y}_i^{(t-1)} - y_i)f_t(x_i) + f_t(x_i)^2] + \Omega(f_t) + \text{constant} \tag{5-20}$$

公式中的残差部分需要用泰勒展开来近似求解目标值，对其进行泰勒展开：

$$f(x+\Delta x)\approx f(x)+f'(x)\Delta x+\frac{1}{2}f''(x)\Delta x^2 \tag{5-21}$$

并定义：

$$\begin{cases} g_i=\partial_{\hat{y}^{(t-1)}}l(y_i,\ \hat{y}^{(t-1)}) \\ h_i=\partial^2_{\hat{y}^{(t-1)}}l(y_i,\ \hat{y}^{(t-1)}) \end{cases} \tag{5-22}$$

$$L^{(t)}\approx\sum_{i=1}^{n}\left[l(y_i,\ \hat{y}^{(t-1)})+g_i f_t(x_i)+\frac{1}{2}h_i f_t^2(x_i)\right]+\Omega(f_t)+\text{constant} \tag{5-23}$$

$l(y_i,\ \hat{y}^{(t-1)})$ 可以看作是一个常数项。

$$L^{(t)}\approx\sum_{i=1}^{n}\left[g_i f_t(x_i)+\frac{1}{2}h_i f_t^2(x_i)\right]+\Omega(f_t)+\text{constant} \tag{5-24}$$

展开正则项，

$$L^{(t)}=\sum_{i=1}^{n}\left[g_i w_{q(x_i)}+\frac{1}{2}h_i w_{q(x_i)}\right]+\gamma T+\frac{1}{2}\lambda\sum_{j=1}^{T}w_j^2 \tag{5-25}$$

$$L^{(t)}=\sum_{j=1}^{T}\left[\left(\sum_{i\in I_j}g_i w_j\right)+\frac{1}{2}\left(\sum_{i\in I_j}h_i+\lambda\right)w_j^2\right]+\gamma T \tag{5-26}$$

其中，$G_j=\sum_{i\in I_j}g_i$；$H_j=\sum_{i\in I_j}h_i$。

$$L^{(t)}=\sum_{j=1}^{T}\left[G_j w_j+\frac{1}{2}(H_j+\lambda)w_j^2\right]+\gamma T \tag{5-27}$$

令

$$\frac{\partial J(f_t)}{\partial w_j}=G_j+(H_j+\lambda)w_j,\ \ w_j=-\frac{G_j^2}{H_j+\lambda} \tag{5-28}$$

则

$$L=-\frac{1}{2}\sum_{j=1}^{T}\frac{G_j^2}{H_j+\lambda}+\gamma T \tag{5-29}$$

L 被称为结构分数，其含义为确定 CART 决策树的结构之后，为了确定目标函数上能够减少的值的大小；L 得分越低，代表树的结构越好，其中，XGBoost 的分类效果图如图 5-17 所示。

$$\text{Gain}=\frac{1}{2}\left[\frac{G_L^2}{H_L+\lambda}+\frac{G_R^2}{H_R+\lambda}+\frac{(G_L^2+G_R^2)^2}{H_L+H_R+\lambda}\right]-\gamma \tag{5-30}$$

式中，$\frac{G_L^2}{H_L+\lambda}$ 为左子树分数；$\frac{G_R^2}{H_R+\lambda}$ 为右子树分数；γ 为新叶子节点；g_i 为一阶导数；h_i 为二阶导数。

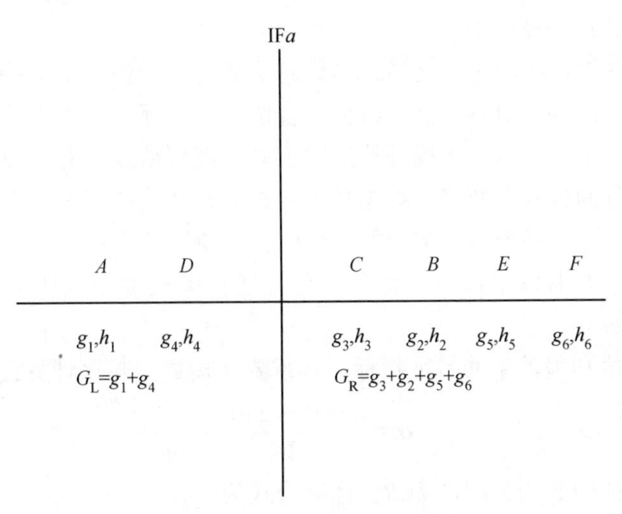

图 5-17 Gain 分类的效果图

图 5-17 表示出所有当 $x<a$ 时满足的条件，以分割特征 a 来计算左边和右边导数的和。XGBoost 的优势体现在两方面：一方面，求解目标函数的损失通过泰勒展开二阶的方式进行计算，每一次都会提升模型的分类准确度，而正则项则是控制模型的复杂程度，防止模型过于复杂导致的求解问题；另一方面，本书基于 XGBoost 的基础之上，针对滚动轴承特征集合中存在特征类别不均衡的问题，借助设计带有学习敏感度的新损失函数以修正特征不平衡的现象，其中，式(5-31)和式（5-32）为 XGBoost 的目标函数和正则项函数，式（5-33）和式（5-34）为针对 XGBoost 做出的改进。改进公式如下：

$$\mathrm{Obj}=\sum_{i=1}^{n}(y_i,\ \hat{y}_i)+\sum_{k=1}^{K}\Omega(f_k) \tag{5-31}$$

$$\Omega(f_k)=\gamma T+\frac{1}{2}\lambda\sum_{j=1}^{T}\boldsymbol{w}_j^2 \tag{5-32}$$

式中，Obj 为目标函数；y_i 为 i 轮真实值；$\hat{y}_i$ 为 i 轮预测值；f_k为第 k 棵 CART 树预测输出；Ω 为正则惩罚项；$i=1,\ 2,\ \cdots,\ n$，n 为求解次数；$k=1,\ 2,\ \cdots,\ K$，K 为 CART 树数量；λ 为叶子节点数；γ 为正则项系数；$\boldsymbol{w}$为叶子向量（叶子节点分数）；$j=1,\ 2,\ \cdots,\ T$，T 为叶子节点数量。

$$L(Y,\ (P(Y|X)))=-\ln P(Y|X)=-\frac{1}{n}\left[\sum_{i=1}^{n}y_i(1+\mathrm{e}^{\bar{y}_i})\right] \tag{5-33}$$

$$L_{\mathrm{NEW}}(Y,\ P(Y|X))=-\frac{1}{n}\left[\sum_{i=1}^{n}y_i\ln(1+\mathrm{e}^{-\bar{y}_i})\times S^{\frac{1}{y_i+1}}\right] \tag{5-34}$$

式中，L_{NEW}为改进的目标函数；$\overline{y_i}$为 i 轮真实平均值；S 为学习权重；X、Y 为样本集合；$P(Y|X)$ 为概率值。

经过改进 XGBoost 的过程之后，又针对特征集合中包含多维特征和残余信息的问题，设计了两种 XGBoost 优化特征集合选取的流程，以解决故障模型识别准确率低的问题。由于 XGBoost 提升算法对于提升模型精度具有积极的作用，并通过每次计算得分的过程不断修正模型预测的误差，从而达到精度提升的结果。书中使用 XGBoost 计算每个特征集合的分数值，并使用几个指标以对特征集合的重要性进行衡量。本书以增益值、覆盖率和特征相关程度作为特征选取评估的方面，计算公式如下。

（1）增益值和覆盖率的特征指标，其重要性指数 α 排序计算公式为：

$$\alpha = \frac{\text{cover} + \text{gain}}{2} \tag{5-35}$$

（2）各特征间的相关程度为 R，计算公式为：

$$R = \frac{\text{cov}(x_i,\ x_j)}{\sqrt{\text{var}(x_i)\text{var}(x_j)}} \tag{5-36}$$

以 XGBoost 优化特征集合流程为基础，考虑序列向前和浮动向后两种特征选取，通过计算得分进行集合的筛选，如图 5-18 和图 5-19 所示。

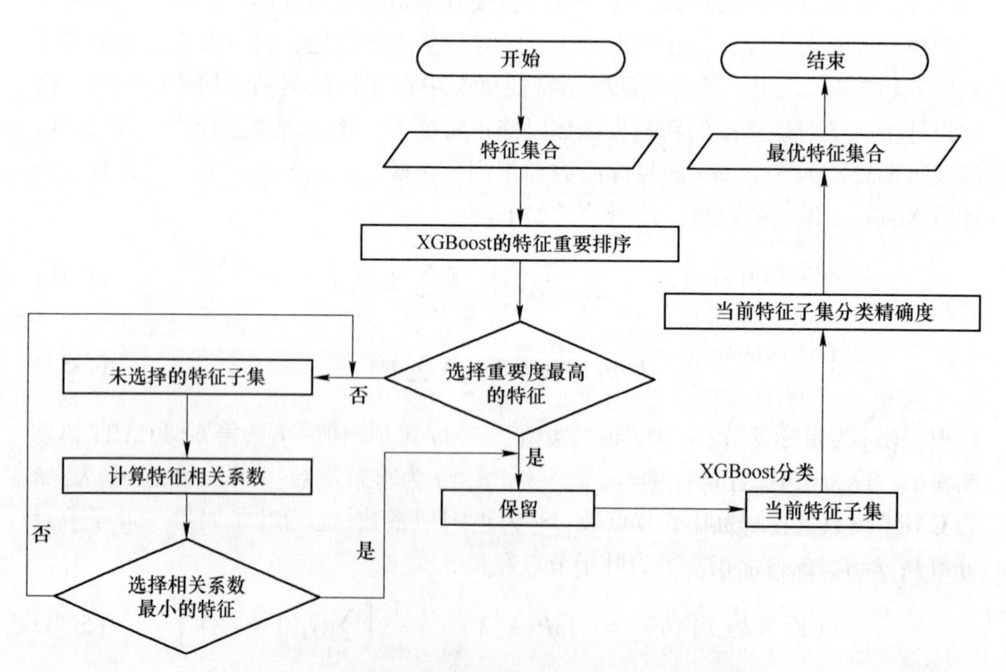

图 5-18 考虑序列向前的改进 XGBoost 分类流程图

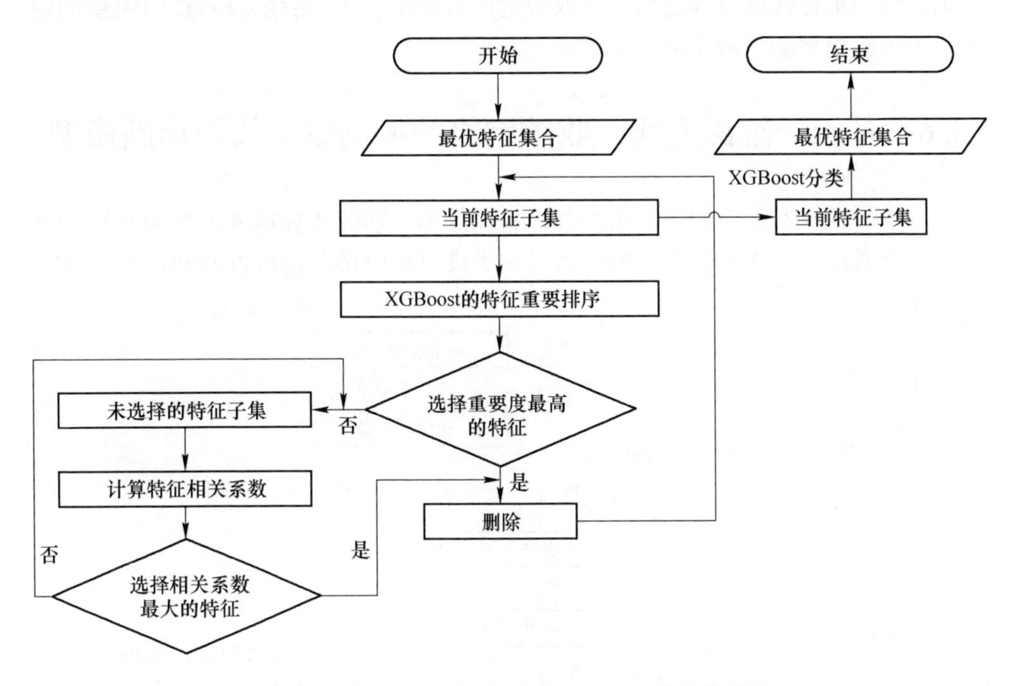

图 5-19 考虑浮动向后的改进 XGBoost 分类流程图

基于改进 XGBoost 的分类流程中，两种不同原则的具体操作步骤为：

（1）序列向前添加。

1）根据之前获取的轴承特征集合利用 XGboost 对所有特征集合进行分类；

2）借助数据集合对 XGBoost 进行训练，训练之后的 XGBoost 故障诊断模型需要计算特征值的重要性，根据特征重要性的大小进行特征集合的排序。

（2）浮动向后筛除。

1）XGBoost 选定最优特征集之后，再通过指标评估的过程剔除最差的特征集合，直到未选择的特征集中无法选择下一个最优特征；

2）计算重要性排序最差的特征和未选特征的相关系数，删除相关系数绝对值最大的特征；

3）借助 XGBoost 分类器计算所有子集的特征得分，得分最高的即为最优特征集合，若有两个或两个以上的特征子集分类精度相同且最高，则选择特征数量较少的作为最优特征集合。

图 5-18 和图 5-19 分别为两种不同原则对特征集合的基本选取流程，从一个预先设定的空集合开始，两种原则分别通过计算特征相关系数决定此特征集合是否进行保留，并删除不需要的特征集合；两种不同原则最终能选择出最优的特征集合。本节基于 XGBoost 构建基本分类器，对其做出相应改进，在设计两种筛选

原则的特征集合选取过程之后，选取最优的特征集合作为后期故障诊断模型的输入，为诊断模型的故障识别打下基础。

5.6　基于一维深度残差收缩网络的滚动轴承故障诊断模型

一维深度残差收缩网络不仅具有强去噪效果，同时还可以减少模型参数的数量，本章通过一维深度残差收缩网络对轴承进行故障诊断，流程如图 5-20 所示。

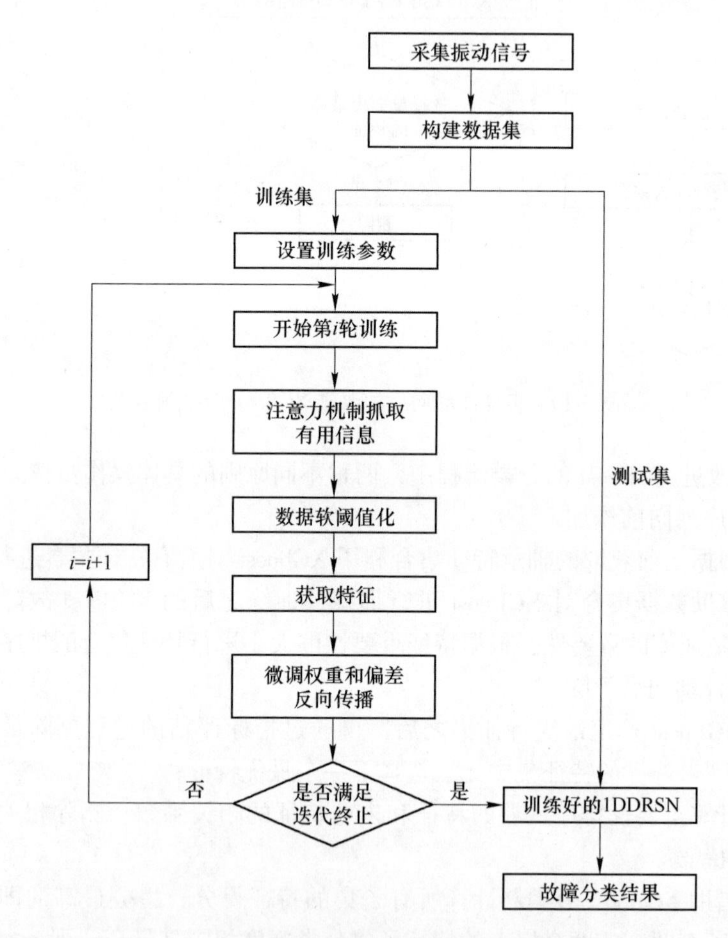

图 5-20　一维深度残差收缩网络故障诊断流程图

主要步骤包括：

（1）数据集。使用 CWRU 轴承数据集。

（2）进行 1DDRSN 网络模型训练。首先，设定每层的参数，然后通过计算每个特征通道的绝对值平均值与 0.01 的乘积，确定阈值。对于超过阈值的值，将其减去阈值，而对于低于阈值的值，则将其设为零。然后，根据故障的类别，设置分类器神经元的数量，并使用梯度下降算法微调 softmax 分类器的各个参数。训练过程会在最大训练轮次内完成，从而完成 1DDRSN 网络模型的参数训练。

(3) 验证模型。训练完成后，利用测试集对模型进行评价。

1DDRSN 算法的具体流程如下：

(1) 输入处理。将低分辨率信号输入网络中。

(2) 特征提取。使用一系列卷积层和激活函数提取信号的特征，并将其映射到高维空间中。

(3) 特征收缩。通过逐层缩小特征图的尺寸，从而减少计算量。

(4) 特征扩张。通过逐层扩大特征图的尺寸，从而恢复信号的高分辨率信息。

(5) 残差连接。使用残差连接将低分辨率信号与高分辨率信号结合，从而提高网络性能。

(6) 激活函数。使用激活函数对输出进行非线性转换，进而加强网络的表达能力。

(7) 输出处理。将网络输出的高分辨率信号进行后处理，如去均值、归一化等，得到最终的超分辨率重建结果。

5.7 故障诊断实验仿真与分析

5.7.1 SSA-SVM 故障诊断模型仿真分析

对故障类型的识别是滚动轴承故障诊断过程中的最后一环，其在完成基于自适应 VMD 的振动信号分解，以及对分解出的各 IMF 分量计算多域故障特征，再利用 KPCA 特征降维。为完成此环节，利用 SSA-SVM 对滚动轴承不同故障样本进行类型划分，同时为验证 SSA-SVM 故障诊断模型具有更佳的诊断效果，加入未优化的 SVM、GA-SVM、PSO-SVM 进行对比。

本实验仿真使用 CWRU 故障数据集中收集到正常状态、内圈、外圈及滚动体故障四种状态的振动信号，为实现模型的普遍适用性，随机选取四种状态共 400 组样本，每组样本点数至少为 1000，训练集样本为 280 组，测试集样本为 120 组，比例为 7∶3。

5.7.1.1 各算法对 SVM 中参数寻优对比

为使对比结果更加准确，算法的种群数量都设为 30，最大迭代次数都为 200，适应度函数中 K 折交叉验证法的 K 取 5，各算法对 SVM 中核函数参数 g 和惩罚参数 c 寻优的适应度结果对比如图 5-21 所示。

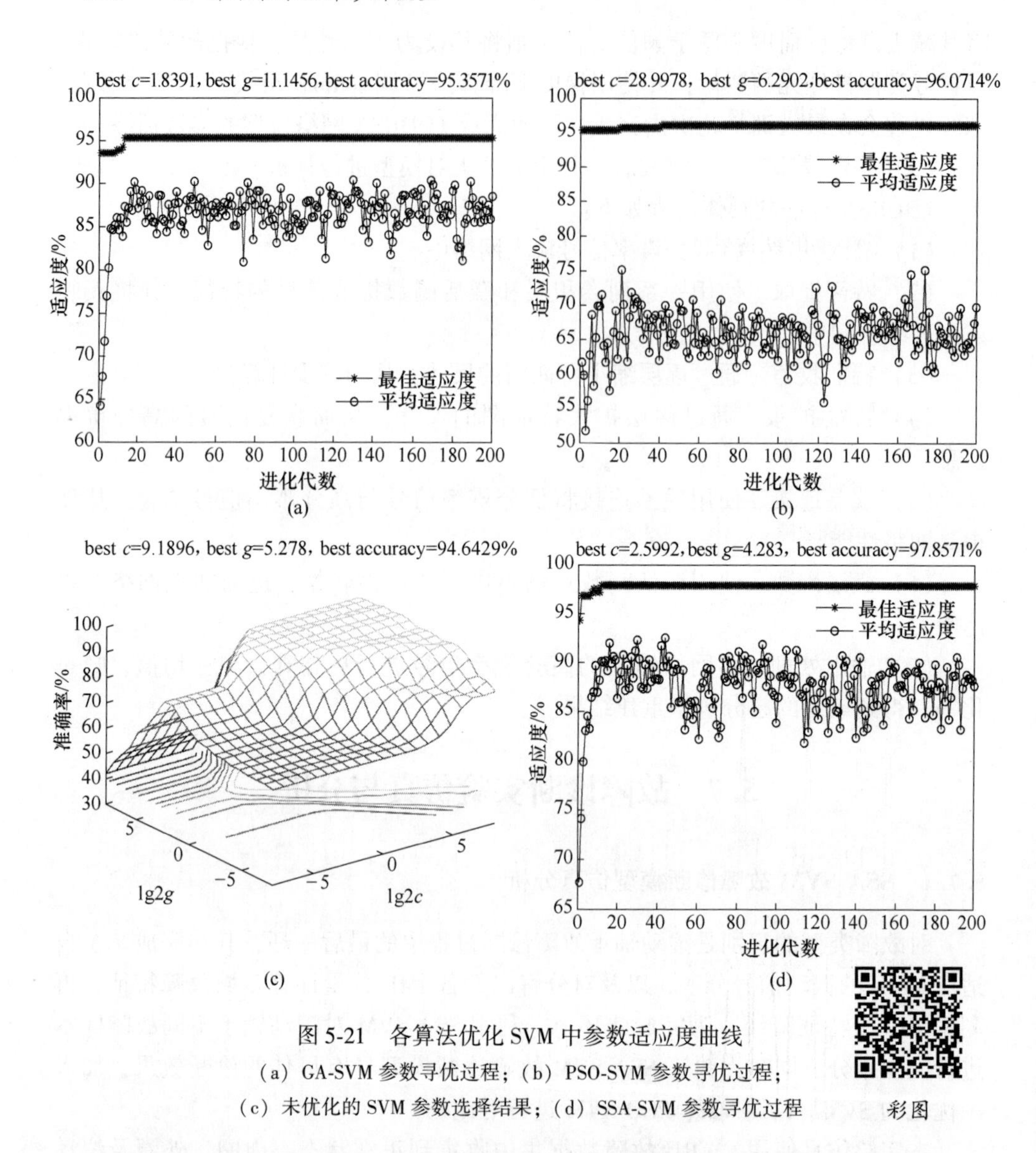

图 5-21　各算法优化 SVM 中参数适应度曲线

（a）GA-SVM 参数寻优过程；（b）PSO-SVM 参数寻优过程；

（c）未优化的 SVM 参数选择结果；（d）SSA-SVM 参数寻优过程

由图 5-21 中可以看出，GA-SVM、PSO-SVM 及 SSA-SVM 的最佳适应度曲线都呈现上升趋势，并分别在第 13 代、第 41 代、第 12 代时达到最优值后保持不变，5 折交叉验证准确率分别稳定在了 95.3571%、96.0714%、97.8571%，体现出 SSA-SVM 具有较高的诊断准确率，而未优化的 SVM 最佳诊断准确率较低，为 94.6429%，同时也表明了优化 SVM 中参数的必要性。

5.7.1.2　各故障诊断模型诊断结果对比

将 5.7.1.1 节中各算法寻优出的 g 与 c 的最优值输入样本为测试集数据的故障诊断模型中，为验证 KPCA 算法在平衡诊断准确率和计算时间方面的优势，加入未用 KPCA 降维的 SSA-SVM 故障诊断模型，将各故障诊断模型从诊断准确率、计算时间两方面进行对比，验证本书所用方法的优势之处。

由表 5-3 和图 5-22 可以看出 GA-SVM 模型的具体诊断结果，其中第 12、81、82 组样本的实际类别为内圈故障，分别被错误诊断为外圈故障、正常状态、正常状态，第 71 组样本的实际类别为外圈故障，被错误诊断为内圈故障，第 39、40、114 组样本的实际类别为滚动体故障，分别被错误诊断为内圈故障、内圈故障、正常状态。

表 5-3 GA-SVM 故障诊断结果统计

标签	轴承状态	样本总数	诊断正确数	诊断错误数	诊断准确率/%
1	正常状态	34	34	0	100
2	内圈故障	31	28	3	90.3226
3	外圈故障	26	25	1	96.1538
4	滚动体故障	29	26	3	89.6552

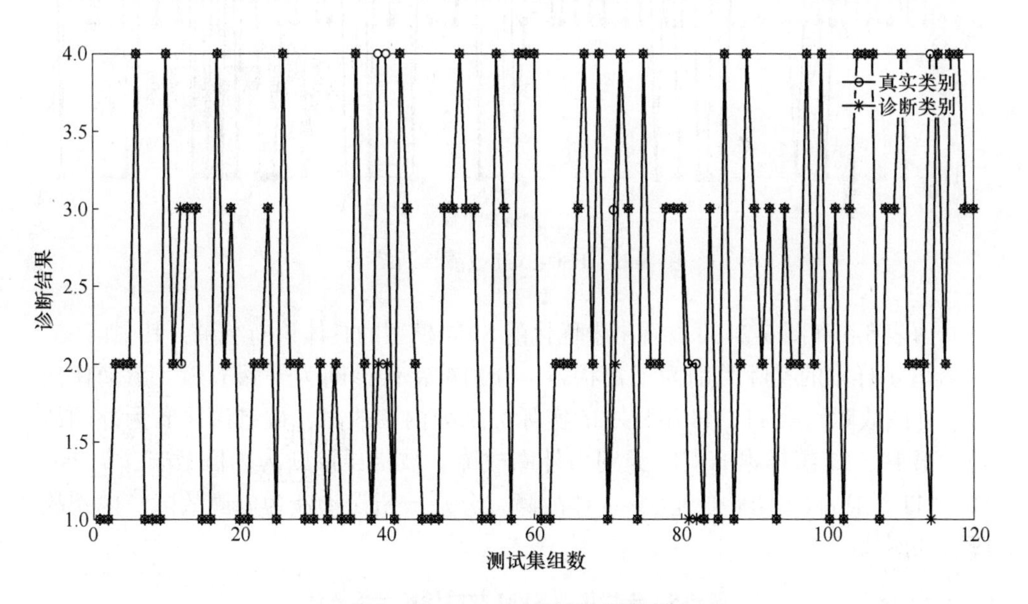

图 5-22 GA-SVM 故障诊断结果

由表 5-4 和图 5-23 可以看出 PSO-SVM 模型的具体诊断结果，其中第 19、103 组样本的实际类别为内圈故障，分别被错误诊断为正常状态、外圈故障，第 99、101 组样本的实际类别为外圈故障，被错误诊断为正常状态，第 74 组样本的实际类别为滚动体故障，被错误诊断为内圈故障。

表 5-4　PSO-SVM 故障诊断结果统计

标签	轴承状态	样本总数	诊断正确数	诊断错误数	诊断准确率/%
1	正常状态	23	23	0	100
2	内圈故障	35	33	2	94. 2857
3	外圈故障	32	30	2	93. 75
4	滚动体故障	30	29	1	96. 6667

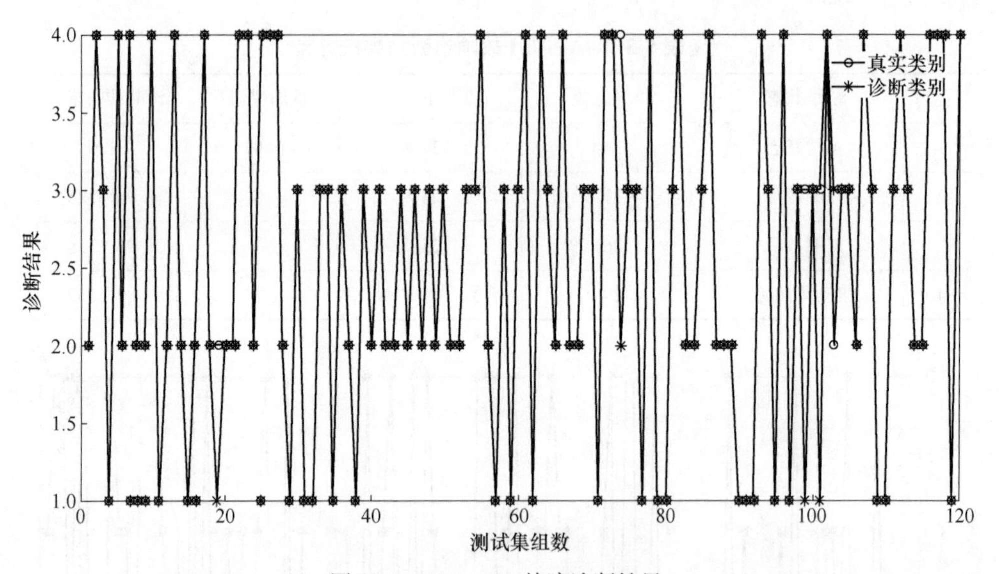

图 5-23　PSO-SVM 故障诊断结果

由表 5-5 和图 5-24 可以看出未优化的 SVM 模型的具体诊断结果，其中第 55、69、86 组样本的实际类别为正常状态，分别被错误诊断为外圈故障、滚动体故障、外圈故障，第 11、44 组样本的实际类别为内圈故障，被错误诊断为外圈故障，第 19、77 组样本的实际类别为外圈故障，被错误诊断为内圈故障，第 50、52、111 组样本的实际类别为滚动体故障，分别被错误诊断为内圈故障、内圈故障、外圈故障。

表 5-5　未优化的 SVM 故障诊断结果统计

标签	轴承状态	样本总数	诊断正确数	诊断错误数	诊断准确率/%
1	正常状态	28	25	3	89. 2857
2	内圈故障	31	29	2	93. 5484
3	外圈故障	31	29	2	93. 5484
4	滚动体故障	30	27	3	90

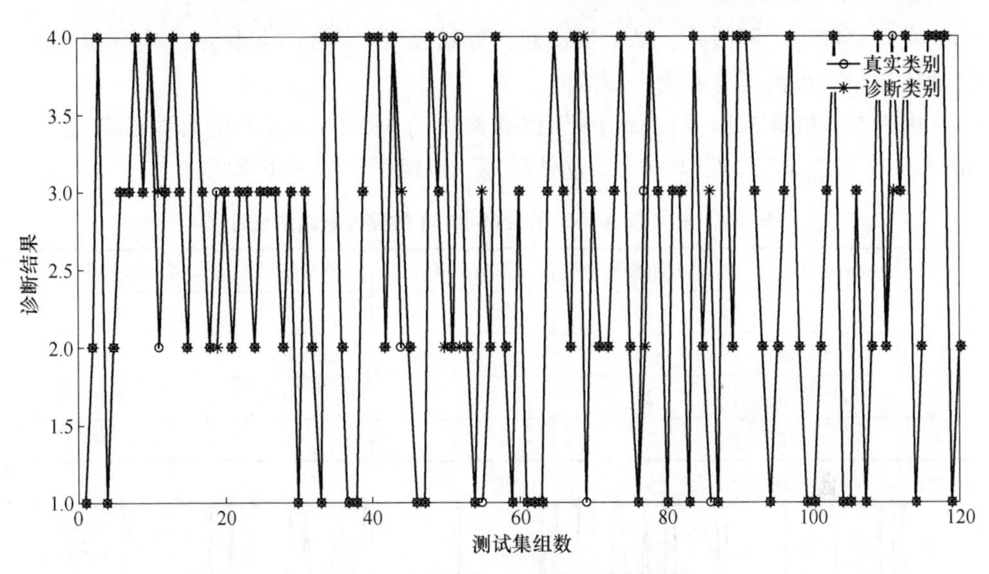

图 5-24 未优化的 SVM 故障诊断结果

由表 5-6 和图 5-25 可以看出 SSA-SVM 模型的具体诊断结果，其中第 68 组样

表 5-6 SSA-SVM 故障诊断结果统计

标签	轴承状态	样本总数	诊断正确数	诊断错误数	诊断准确率/%
1	正常状态	22	22	0	100
2	内圈故障	33	32	1	96.9697
3	外圈故障	28	28	0	100
4	滚动体故障	37	36	1	97.2973

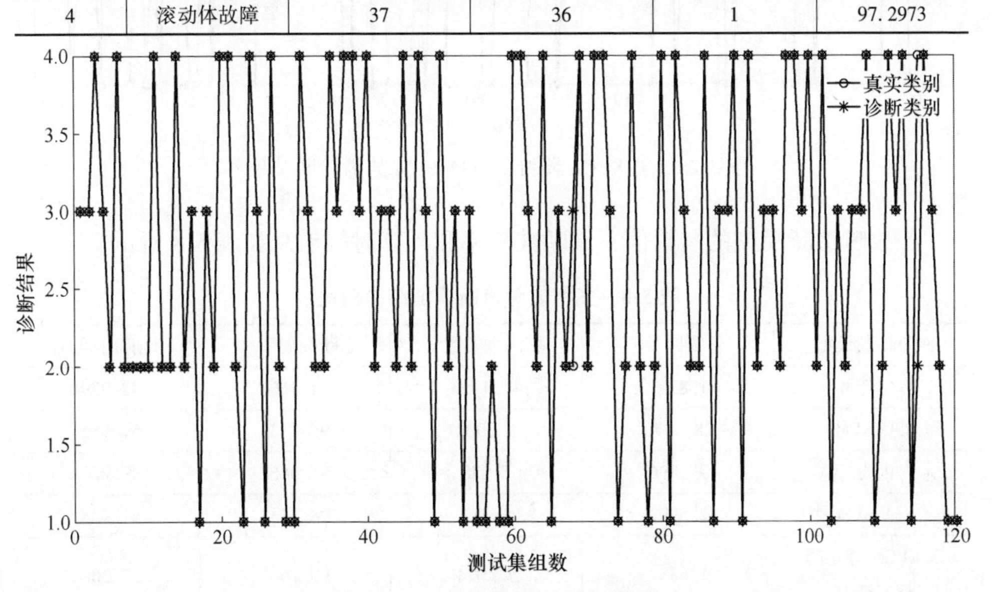

图 5-25 SSA-SVM 故障诊断结果

本的实际类别为内圈故障，被错误诊断为外圈故障，第 115 组样本的实际类别为滚动体故障，被错误诊断为内圈故障。

由表 5-7 和图 5-26 可以看出未 KPCA 降维的 SSA-SVM 模型的具体诊断结果，其中第 27 组样本的实际类别为滚动体故障，被错误诊断为正常状态。

表 5-7　未 KPCA 降维的 SSA-SVM 故障诊断结果统计

标签	轴承状态	样本总数	诊断正确数	诊断错误数	诊断准确率/%
1	正常状态	30	30	0	100
2	内圈故障	30	30	0	100
3	外圈故障	29	29	0	100
4	滚动体故障	31	30	1	96.7742

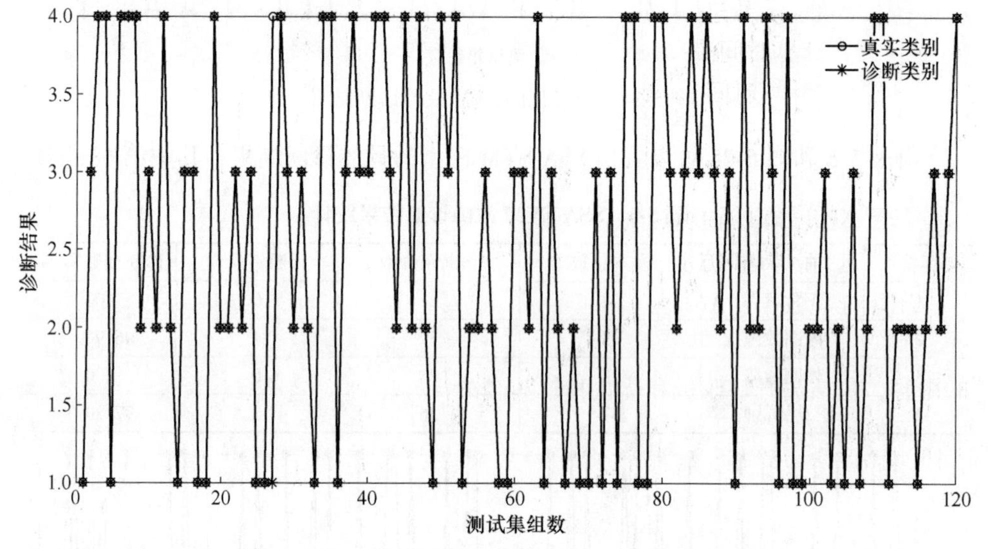

图 5-26　未 KPCA 降维的 SSA-SVM 故障诊断结果

各故障诊断模型的参数值、诊断准确率和计算时间汇总如表 5-8 所示。

表 5-8　多种故障诊断模型结果对比

故障诊断模型	惩罚因子 c	核函数参数 g	诊断准确率/%	计算时间/s
GA-SVM	1.8391	11.1456	94.1667	42.879
PSO-SVM	28.9978	6.2902	95.8333	57.985
未优化的 SVM	9.1896	5.278	91.6667	3.687
SSA-SVM	2.5992	4.283	98.3333	41.438
未 KPCA 降维的 SSA-SVM	1.6857	7.4074	99.1667	57.208

从表 5-8 中可以看出：虽然未优化的 SVM 计算时间最快，仅为 3. 687 s，但诊断准确率却是最低的，只有 91. 6667%，体现了优化 SVM 中参数的必要性；SSA-SVM 虽然在计算时间上与 GA-SVM 相近，但 98. 3333%的诊断准确率要高于 GA-SVM 94. 1667%的诊断准确率，同时 SSA-SVM 的准确率也是四种利用 KPCA 降维的故障诊断模型中最高的，体现了 SSA 算法相比于其他经典算法在优化 SVM 方面的优势之处；虽然 SSA-SVM 的诊断准确率比未 KPCA 降维的 SSA-SVM 低了 0. 8334%，但计算时间上缩短了 27. 5661%，证明 KPCA 算法能够在不丢失较高诊断准确率的同时，给予了计算时间减少的回报，得到计算速度上的大大提升，特别适用于滚动轴承故障特征这种高维度数据。

为形成横向对比，将本书的 SSA-SVM 诊断结果与文献［164］中特征提取策略是鲸鱼优化算法（WOA)-变分模态分解（VMD）能量熵，搭建 IWOA-SVM 故障诊断模型的结果进行对比，文献［164］的 IWOA-SVM 的诊断准确率为 99. 1667%，计算时间为 73. 9 s，而本书的 SSA-SVM 的诊断准确率仅比其低了 0. 8334%，但计算时间上缩短了 43. 9269%。

5.7.2 改进 XGBoost 故障诊断模型仿真分析

基于 XGBoost 的轴承故障诊断模型的仿真过程中，本书使用 Python 和 Matlab 编程语言进行计算和仿真等重要过程。其中，Python 版本为 3. 10，Spark 大数据平台用于处理数据、Anaconda 中的 Jupyter 部分用于表现可视化数据的处理结果，Spark 平台、Anaconda 平台均支持 Python 编程语言；而 XGBoost 模型的三个方面的内容，包括提升、改进和优化特征集合的流程，均为提升故障诊断模型的准确度方面做贡献。

实验数据集依然使用 CWRU 故障数据集，属于样本及标签划分，如表 5-9 所示。

表 5-9 实验数据划分

数据	训练样本个数	测试样本个数	轴承状态	故障尺寸/in	标签
1	40	20	正常	0	0
	60	30	内圈故障	0. 007&0. 014&0. 021	1
	48	24	滚动体故障	0. 007	2
	52	26	外圈故障	0. 007&0. 014&0. 021	3
2	20	20	正常	0	0
	20	20	内圈故障	0. 007&0. 014&0. 021	1
	20	20	滚动体故障	0. 007	2
	20	20	外圈故障	0. 007&0. 014&0. 021	3

注：1 in=25. 4 mm。

在改进之后的 XGBoost 模型中，S 的大小是影响模型最终分类准确度的关键，为了找到最优值，本书又对 S 的大小进行了寻优过程的计算，同样以最佳适应度和平均适应度来观察改进 XGBoost 诊断的结果如图 5-27 所示，从图中可知，经过参数寻优之后得到 S 的最优值为 2.7。

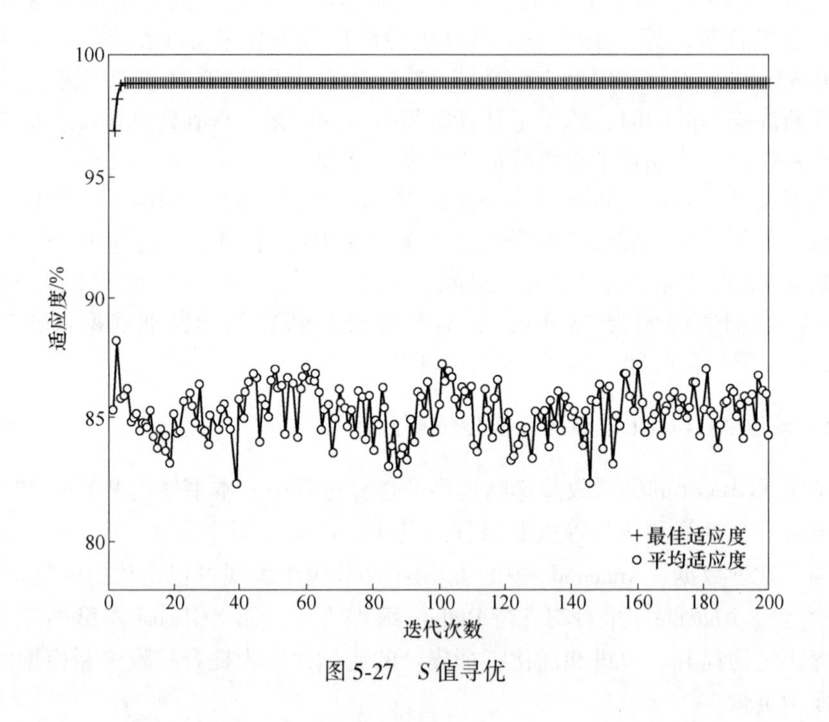

图 5-27　S 值寻优

GBDT 和 XGBoost 在本书中以准确率和 AUC 值两个方面作为评价标准，见表 5-10。

表 5-10　GBDT 和 XGBoost 诊断结果

模型	AUC 值	诊断准确率/%
GBDT	0.5418	95.51
XGBoost	0.7085	98.11

GBDT 作为 XGBoost 的基础，在表 5-10 中列出以作为对比参考项。XGBoost 的 AUC 值为 0.7085，GBDT 的 AUC 值为 0.5418，AUC 值越接近 1 越好，因此 XGBoost 的 AUC 值优于 GBDT，而 XGBoost 的准确率为 98.11%，GBDT 的准确率为 95.51%，XGBoost 的准确率也大于 GBDT。综上所述，XGBoost 的效果更好。

改进 XGBoost 的改进部分用于应对数据集合之间特征分布不均的问题，而数据集 3 为基于 K-means 方法采用均值填充缺失的数值特征集合，如表 5-11 所示。

表 5-11 填充实验数据及其特征

数据集	特征名称	特征个数	故障尺寸/in	标签
3	正常状态	40	0	0
	内圈故障	5	0.007	1
	滚动体故障	5	0.007	2
	外圈故障	5	0.007	3

经过 XGBoost 的重要参数 S 值选取、最佳适应度和平均适应度计算、数值填充过程之后，本书设计了序列向前选择、浮动向后两种优化特征集合的筛选流程，选择重要程度较高的特征作为分类依据，并将最终的寻优集合输入最终的故障诊断模型中，其中，设计寻优流程最终目的是提升诊断模型的准确度。因此，本书将以准确度作为评定标准，基于改进 XGBoost 进行数据仿真的过程。

改进 XGBoost 的诊断模型以数据集 1 进行最终的测试，同样包含 4 种轴承状态，最终的诊断结果如图 5-28 所示。

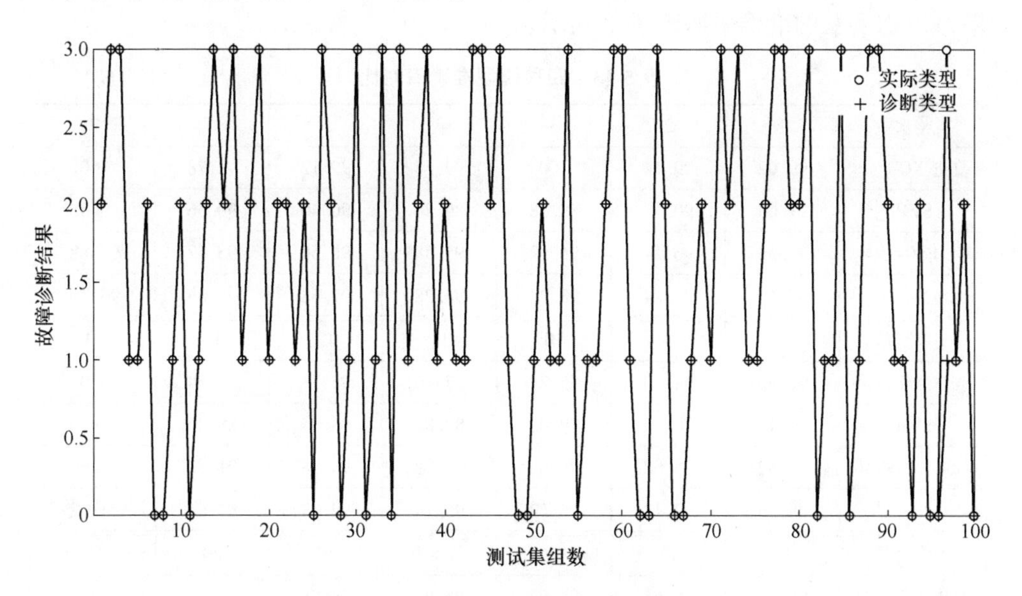

图 5-28 改进 XGBoost 模型故障诊断

图 5-28 中，从改进 XGBoost 轴承的故障诊断模型的最终诊断结果中可以明显看出：诊断结果错了 1 个，错误发生在 97 组，正确率为 99%，诊断的结果和实际结果如表 5-12 所示。

表 5-12　改进 XGBoost 诊断结果

测试集样本组	模型诊断结果	实际结果	故障尺寸/in	标签
97	内圈故障	外圈故障	0.007	3

表 5-12 中，改进 XGBoost 的诊断模型仅发生一处错误，实际结果为外圈故障，诊断结果为内圈故障，故障尺寸为 0.007in。相较于 SVM 和 GS-PSO-SVM，本书的诊断模型的准确率最高，在故障诊断结果的准确度方面具有一定优势。

本书以 SVM、GS-PSO-SVM、三方面改进的 XGBoost 等共计三种故障诊断模型为基础，故障诊断过程以数据集 1 为例，参数寻优使用数据集 2，而数值填充使用了数据集 3，最终模型以准确度作为评定标准，通过评定结果选择最优的故障诊断模型。

以构建 SVM、GS-PSO-SVM 和改进 XGBoost 三种滚动轴承故障诊断模型，并使用不同类型的轴承状态的数据作为训练和测试，验证上述两种模型的有效性。为了进一步验证改进 XGBoost 模型的有效性，使用参数优化的 SVM、GS-PSO 优化参数的 SVM 和改进 XGBoost 模型一共三种模型进行比对；为了进一步说明模型的有效性，加入 BP-NN 诊断模型又进行了 20 次实验，并记录每一次诊断结果，20 次实验的准确率如表 5-13 所示。

表 5-13　四种模型准确率对比　(%)

实验次数	1	2	3	4	5	6	7
改进 XGBoost	99.02	99.14	100	99.58	99.12	98.78	100
SVM	91.08	90.12	89.58	89.26	90.40	90.56	90.88
GS-PSO-SVM	97.36	96.14	96.12	95.58	96.50	95.52	97.88
BP-NN[165]	95.60	97.44	98.24	97.28	97.58	96.06	96.70
实验次数	8	9	10	11	12	13	14
改进 XGBoost	99.66	98.20	99.24	97.36	96.28	96.54	96.02
SVM	89.42	90.26	89.08	87.86	88.90	88.32	89.70
GS-PSO-SVM	95.82	95.02	96.68	94.22	93.28	91.52	92.66
BP-NN[165]	98.36	97.42	95.22	95.18	96.28	94.64	94.02
实验次数	15	16	17	18	19	20	
改进 XGBoost	95.78	95.66	97.62	95.04	94.08	93.20	
SVM	88.12	88.24	88.12	87.16	86.52	86.46	
GS-PSO-SVM	91.98	92.46	91.58	91.62	90.12	91.16	
BP-NN[165]	93.86	95.54	96.50	93.38	92.28	91.06	

表 5-13 中均以准确度作为评估结果的标准，并计算每个故障诊断模型在每

次诊断之后的准确率和20次的平均准确率大小。为了更加明显比对不同诊断模型的诊断结果，将上述数据绘制成图。图5-29为改进XGBoost和BP-NN诊断模型的准确度对比图，而图5-30为改进XGBoost和SVM、GS-PSO-SVM的准确度对比图。

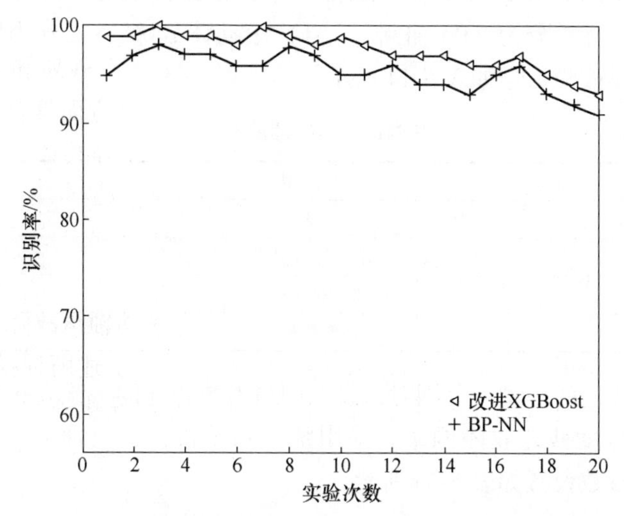

图5-29 改进XGBoost和BP-NN模型的准确度对比

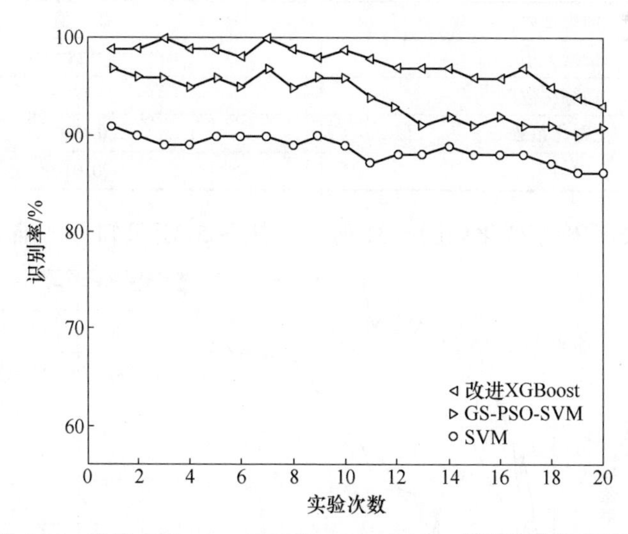

图5-30 改进XGBoost、SVM和GS-PSO-SVM模型的准确度对比

图5-29和图5-30中，SVM平均准确率为89.00%，GS-PSO-SVM的平均准确率为94.16%，改进XGBoost的平均准确率为97.52%，BP-NN平均准确率为95.63%。本书中的改进XGBoost的模型准确率比其余三个都要高，因此，改进XGBoost诊断模型的效果最好。

5.7.3　一维深度残差收缩网络故障诊断模型仿真分析

本节继续选用凯斯西储大学的滚动轴承数据集中采样频率为 48 kHz 故障尺寸为 0. 007 in（1 in=0. 3048 m）的故障样本，根据轴承运行故障数据提取初始数据集，将故障标签分为（0）正常、（1）滚动体故障、（2）内圈故障、（3）外圈故障。具体故障数据如表 5-14 所示。

表 5-14　实验数据划分

标签	样本类型	样本数量
0	正常	360
1	滚动体故障	360
2	内圈故障	360
3	外圈故障	360

首先验证改进的模型。分别对比设置网络参数相同的一维卷积神经网络、残差网络与一维深度残差收缩网络，采用统一测试机，对三种网络分别训练 100 次，网络训练参数设置如表 5-15 所示。

表 5-15　网络参数

训练参数	数　值
批量大小	128
训练次数	100
正则化系数	0. 001
学习率	0. 01

三种网络的准确率变化如图 5-31 所示。从图 5-31 可知，一维深度残差收缩

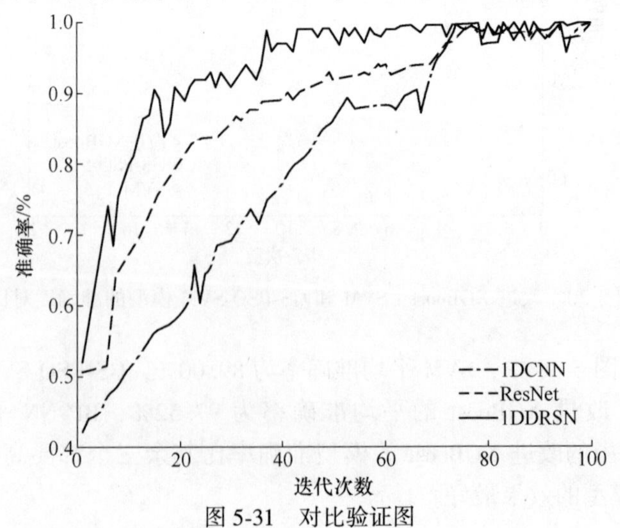

图 5-31　对比验证图

网络开始时的斜率远远高于其他两种方法，在次数最少的情况下达到了稳定状态。

通过对比分析三个模型的分类准确率达到90%所需要轮次，可以看出1DDRSN准确率达90%以下的次数为18次，ResNet准确率达90%以下的次数为39次，1DCNN准确率达90%以下的次数为60次，如表5-16所示。因此，1DDRSN可以更快地达到最高准确率，效率更高。

表5-16 各模型90%以下次数

模 型	次 数
1DDRSN	18
ResNet	39
1DCNN	60

1DDRSN与ResNet均在50次内准确率稳定达到90%，将验证集代入训练好的模型中进行故障分类得到三者混淆矩阵，如图5-32所示。从图5-32可知，一维深度残差收缩网络在内圈故障和外圈故障分类出现极小错误，而ResNet在内圈、外圈、滚动体均出现了较大的错误，所以一维深度残差收缩网络分类效果相对更好。

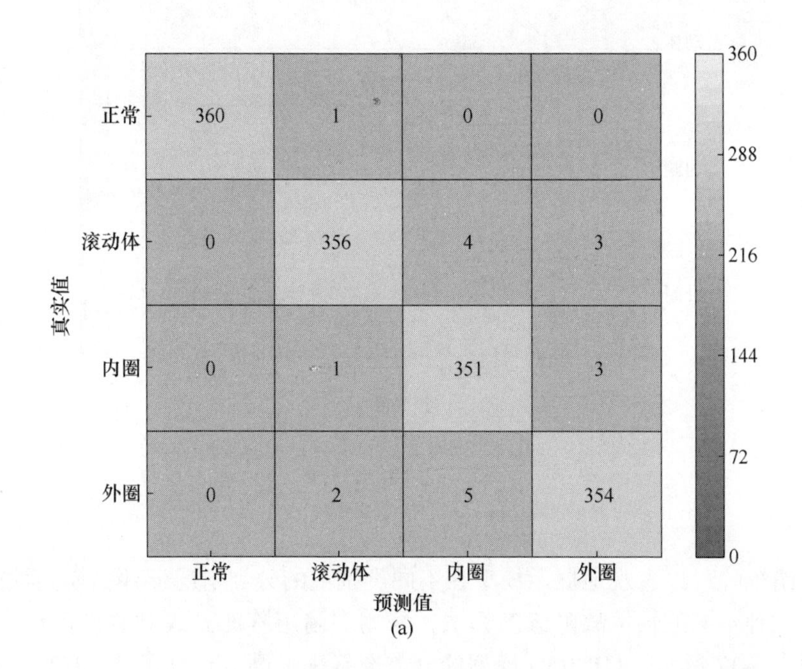

(a)

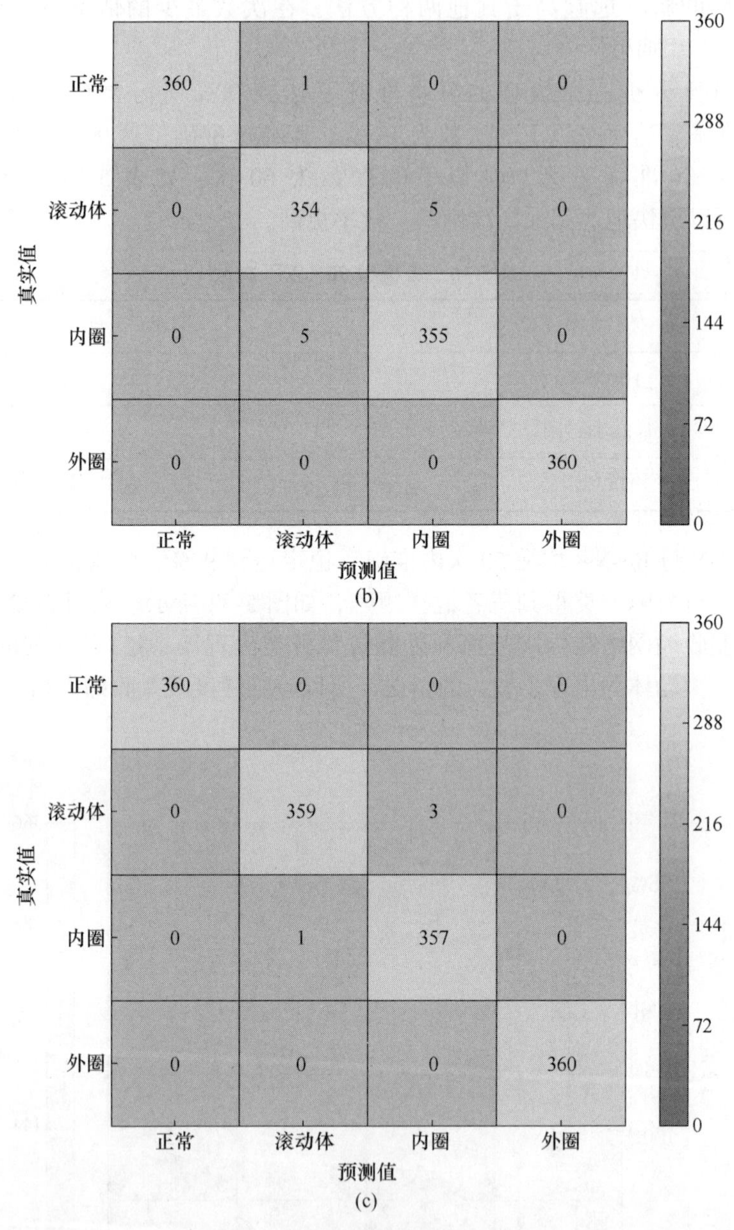

图 5-32　混淆矩阵

(a) ResNet 混淆矩阵；(b) 1DCNN 混淆矩阵；(c) 1DDRSN 混淆矩阵

混淆矩阵可以直观地展示模型在不同类别上的分类情况，评估模型性能。本书对比三种不同的轴承故障诊断算法，采用混淆矩阵的方式对它们进行了评估，结果如表 5-17 所示。1DDRSN 模型的分类准确率最高，达到了 0.99722，而另外两种算法的准确率分别为0.98681和0.99236。这意味着，相比于其他两种算法，1DDRSN模型在轴承故障诊断方面具有更高的准确性和可靠性。

表5-17 混淆矩阵分类准确率

模 型	分类准确率
1DDRSN	0.99722
ResNet	0.98681
1DCNN	0.99236

为了证明1DDRSN的有效性，本节将其与SVM、CNN、MEWT-CNN、RNN、1DCNN-LSTM就相同数据进行故障诊断，判断精度高低。1DDRSN模型与其他五种网络模型准确率对比如图5-33和表5-18所示，每种模型均训练5次取平均值，避免出现偶然性与误差。从表5-18中可以看出1DDRSN模型对于故障的诊断准确率最高。因此可以得出结论，基于1DDRSN的故障诊断具有显著优势，具体模型准确率及召回率计算方法如下：

$$准确率 = (TP + TN)/(TP + TN + FP + FN) \tag{5-37}$$

$$召回率 = TP/(TP + FN) \tag{5-38}$$

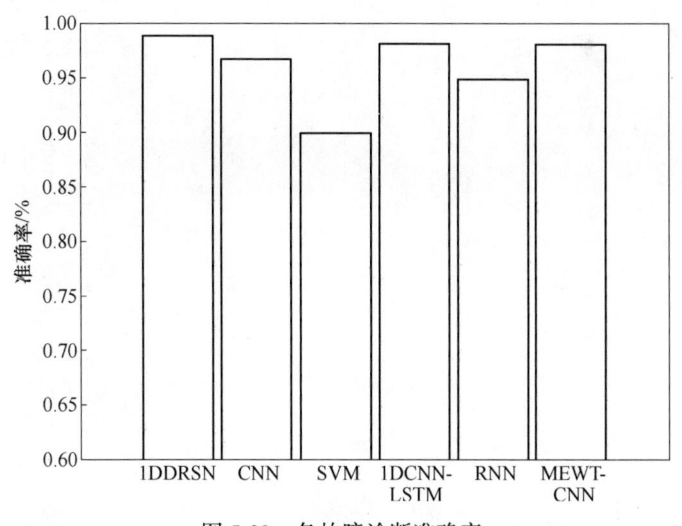

图5-33 各故障诊断准确率

表5-18 对比模型准确率与召回率 (%)

模 型	准确率	召回率
SVM	89.96	87.83
CNN	96.75	94.50

续表 5-18

模　型	准确率	召回率
MEWT-CNN	98. 1	95. 89
RNN	94. 88	92. 84
1DCNN-LSTM	98. 2	96. 10
1DDRSN	98. 85	96. 83

6　滚动轴承的健康状态评估与剩余寿命预测模型

利用历史数据分析机器设备的使用情况、退化情况及故障情况来预测寿命是剩余寿命预测的本质。剩余寿命预测可以及时对设备进行维护和保养，避免设备故障和损坏，从而提高设备的可靠性和安全性，降低设备运行成本和停机损失。深度学习就是此方面的热点。在剩余使用寿命预测中，LSTM 可以自动地学习时间序列数据中的变化规律，捕捉到潜在的影响设备剩余寿命的因素，包括运行状态、环境变化、负载变化等。同时，LSTM 可以在预测过程中自适应地调整自身的权重和偏置，从而更好地适应不同的数据模式和变化趋势。这些特点使得 LSTM 成为剩余使用寿命预测中一种非常有效的模型。因此，选择 LSTM 构建寿命预测模型，并通过网络搜索参数优化方法选取 LSTM 的最优参数，从而优化模型，提高预测结果的准确性。同时，制定 SSA 算法优化 SVM 的详细流程，然后融入健康状态评估指标和故障报警阈值等，完成滚动轴承健康状态评估模型的构建，以实现滚动轴承全生命周期的健康管理。

6.1　LSTM 内部单元机制

门控制循环单元是为了解决循环神经网络短期记忆问题提出的解决方案，它们引入了内部机制，即“门”，可以调节信息流，从而提高网络的记忆能力和准确性。长短期记忆网络门控制循环单元如图 6-1 所示。

6.1.1　LSTM 门控制循环单元

如图 6-2 所示，将当前时间步 X_t 作为输入，将上一时间步的隐藏状态 H_{t-1} 作为输出分别输入长短期记忆门中，运用 sigmoid 激活函数通过全连接层计算得到最终输出结果。经过此操作，基于激活函数的特性，此 3 个门元素的输出值域均为［0，1］。

在计算中，假设其中存在 h 个隐藏单元，给定时间步 t 的小批量输入 $x_t \in R_n \times d$（样本数为 n，输入个数为 d）和上一时间步隐藏状态 $h_{t-1} \in R_n \times d$。时间步 t 的输入门 $i_t \in R_n \times h$、遗忘门 $f_t \in R_n \times h$ 和输出门 $o_t \in R_n \times h$ 的计算分别如式（6-1）~式（6-3）所示：

$$i_t = \sigma(x_t W_{xi} + h_{t-1} W_{hi} + b_i) \tag{6-1}$$

$$f_t = \sigma(x_t W_{xf} + h_{t-1} W_{hf} + b_f) \tag{6-2}$$

$$o_t = \sigma(x_t W_{xo} + h_{t-1} W_{ho} + b_o) \tag{6-3}$$

其中的 W_{xi}，W_{xf}，$W_{xo} \in R_d \times h$ 和 W_{hi}，W_{hf}，$W_{ho} \in R_h \times h$ 属于权重参数，其余 b_i，b_f，$b_o \in R_1 \times h$ 是偏差参数。

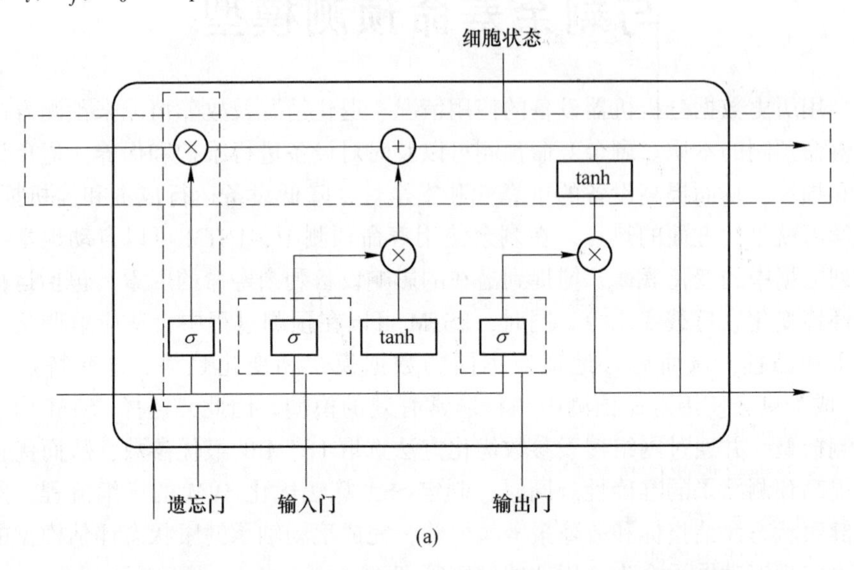

(a)

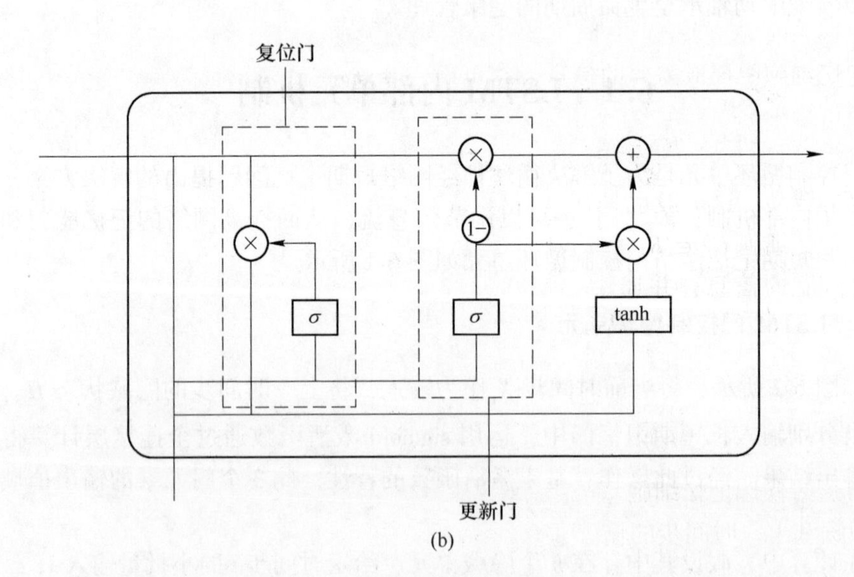

(b)

图 6-1　LSTM 门控制循环单元

（a）LSTM；（b）GRU

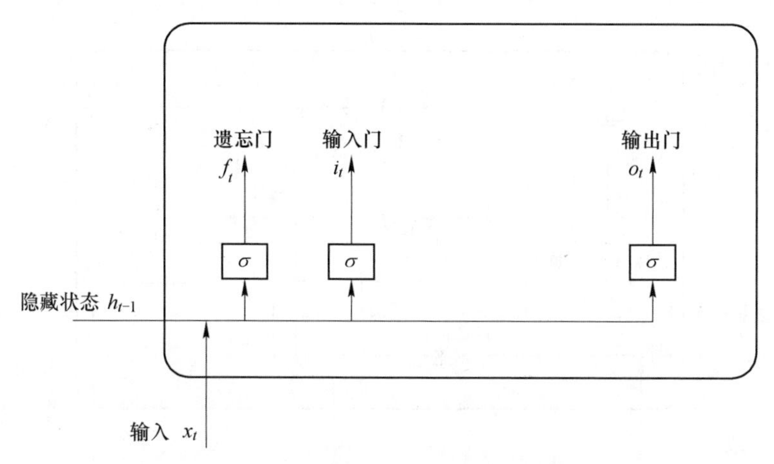

图 6-2 LSTM 中的输入门、遗忘门和输出门

6.1.2 LSTM 记忆细胞单元

记忆细胞单元由一个细胞状态和三个门组成，即遗忘门、输入门和输出门。输入门负责决定哪些信息需要被添加到记忆细胞中，它由一个 sigmoid 激活函数和一个全连接层组成，可以将输入数据进行压缩和选择性过滤。遗忘门负责决定哪些信息需要被删除或遗忘，它也由一个 sigmoid 激活函数和一个全连接层组成，可以根据当前的输入和前一时刻的状态来判断哪些信息需要被遗忘。输出门则负责从记忆细胞中提取需要的信息，它也由一个 sigmoid 激活函数和一个全连接层组成，可以根据当前的状态和输入来确定哪些信息需要被输出。

可以通过元素值域在［0，1］的输入门、遗忘门和输出门来控制隐藏状态中信息的流动，这一般也是通过使用按元素乘法（符号为⊙）来实现的。当前时间步记忆细胞 $C_t \in R_n \times h$ 的计算组合了上一时间步记忆细胞和当前时间步候选记忆细胞的信息，并通过遗忘门和输入门来控制信息的流动，如式（6-4）所示：

$$C_t = f_t \odot C_{t-1} + i_t \odot \widetilde{C}_t \tag{6-4}$$

如图 6-3 所示，遗忘门控制记忆细胞 C_{t-1} 是否传递到当前，输入门控制当前输入 x_t 通过候选记忆细胞 $\widetilde{C}_t$ 如何流入当前记忆细胞。在 LSTM 中，每个时间步的输入数据和上一时间步的输出状态都会被传入记忆细胞单元中。遗忘门控制传递信息，输入门控制输入流入，遗忘门近似 1 且输入门近似 0 时，过去的记忆细胞通过时间保存并传递至当前时间步。这种机制保证了 LSTM 网络能够长期记忆过去的信息，同时也能够适应当前的输入，从而有效地解决了长序列数据的建模问题。

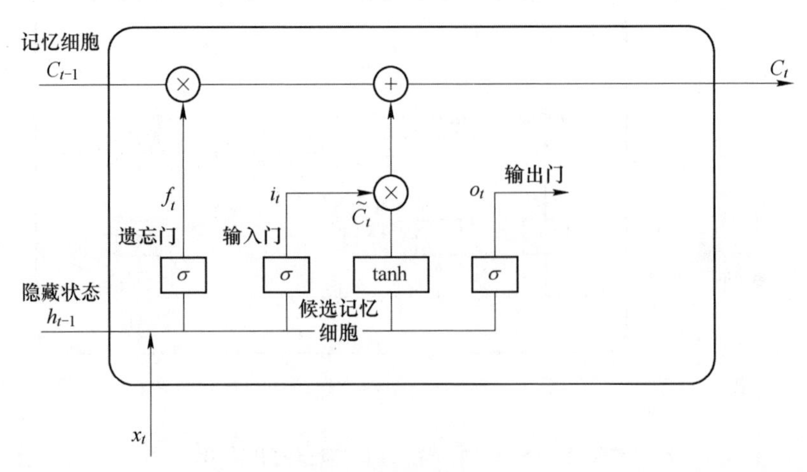

图 6-3　记忆细胞单元

6.1.3　LSTM 隐藏状态

隐藏状态包括了细胞状态和隐藏状态两部分。细胞状态负责存储网络中的信息，并在必要时更新和删除不需要的信息，以维护记忆的长期性；而隐藏状态是指通过细胞状态经过门控操作得到的输出结果，包含了当前时间步的信息和之前时间步的状态信息。在模型的训练和预测中，隐藏状态的传递和更新是通过门控单元来实现的。长短期记忆模型的隐藏状态设计允许网络能够灵活地选择性地保留或删除信息，并可以从长期记忆中获取所需的信息，从而实现更加精准的预测。输出状态则是基于记忆细胞状态得到的，可以反映当前时刻的状态信息。在训练过程中，LSTM 模型可以通过学习得到合适的门控制参数和权重矩阵，从而实现对历史信息的有效提取和长期依赖关系的捕捉。有了记忆细胞以后，接下来还可以通过输出门来控制从记忆细胞到隐藏状态 $h_t \in R_n \times h$ 的信息的流动，如式(6-5)所示：

$$h_t = o_t \odot \tanh(C_t) \tag{6-5}$$

其中，tanh 函数限制隐藏状态元素值的范围为-1 到 1。

图 6-4 展示了长短期记忆中隐藏状态的计算。

LSTM 的输入门、遗忘门和输出门可以控制信息的流动。LSTM 通过引入门结构和记忆细胞的概念来解决 RNN 中的梯度衰减问题，并更好地捕捉时间序列中时间步距离较大的依赖关系。LSTM 的记忆细胞可以帮助模型“记住”之前的信息，并且门结构可以控制信息流的大小，从而让模型更加灵活地处理时间序列数据。

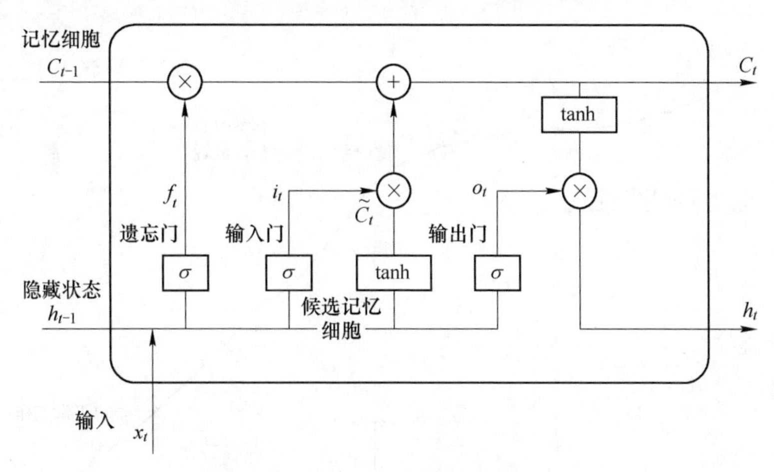

图 6-4 LSTM 记忆中隐藏状态的计算

6.2 基于 SSA-SVM 的滚动轴承健康状态评估模型

6.2.1 滚动轴承健康状态划分

滚动轴承受到外界因素的干扰以及自身长时间的运转都会出现从正常状态到性能逐渐退化的过程。为达到及时监测滚动轴承性能变化情况的目的，预测其性能变化趋势并进行及时预警，减少企业因维修设备而造成的经济损失，从而提高企业的生产效率等，首先应该清晰透彻地了解滚动轴承健康状态的变化主要划分为几个阶段，以及每个阶段的样本变化规律。滚动轴承健康状态变化趋势示意图如图 6-5 所示[147]。

(1) 正常状态。正常状态是指滚动轴承保持高性能正常工作，运转轻快、平稳，没有特别大的噪声及杂音，无停滞现象出现，滚动轴承处于完好状态或者由于故障过于微小以至于技术人员未及时发现或无法发现故障所在。

(2) 早期故障状态。早期故障状态是从故障已经被检测出的时间开始的，表明故障已经由原始的微小故障逐渐加重了，足以被技术人员发现，但此时滚动轴承的运转性能还没有受到较为明显的影响，只是较正常状态而言出现了轻度的性能下降，但还可以保持较为平稳的工作状态。

(3) 中度故障状态。随着滚动轴承运转时间的推移，其健康状态评价指标开始急剧地发生变化，出现严重噪声和杂音，运转不再平稳，证明滚动轴承开始进入中度故障状态，其性能开始严重地降低。

(4) 重度故障状态。重度故障状态是指滚动轴承的性能继续下降，从影响正常工作位置开始，滚动轴承已经出现无法连贯地运转、停滞等现象，直到功能

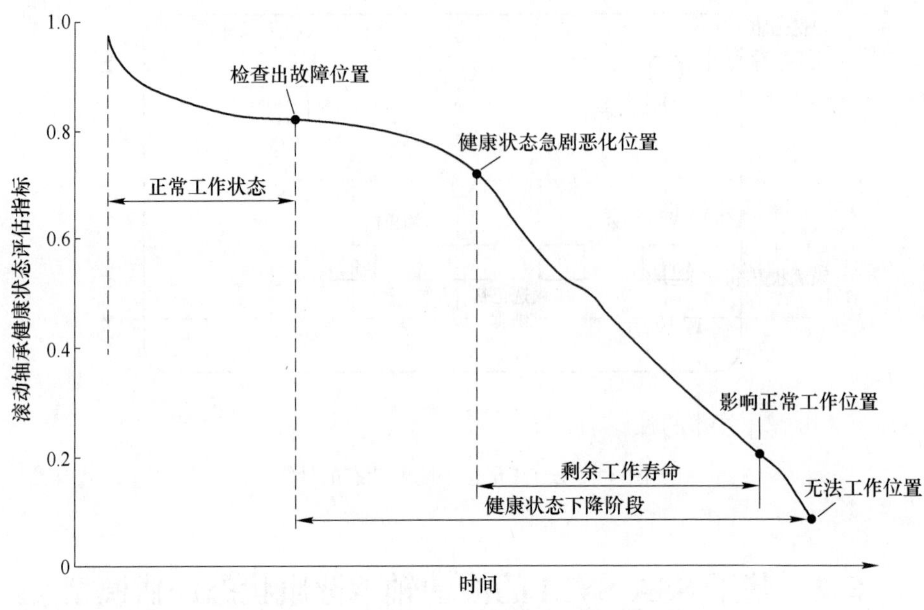

图 6-5　滚动轴承健康状态变化趋势示意图

完全丧失、无法工作。

为实现对滚动轴承的健康状态的准确评估，首先应制定合理的评价指标，当轴承从正常状态经过长时间工作直到失效时，其振动信号会呈现相应的变化趋势，而找到最能代表轴承状态变化趋势的特征是最为关键的一步，时域特征中的均方根（root mean square，RMS）在轴承全寿命周期中会随着其状态的变化而产生明显的波动。因此，本书选择轴承振动信号的均方根值作为初始健康状态评价指标。

均方根值虽然能对轴承样本进行大致的健康状态划分，但其存在着样本划分不准确的缺陷。为实现精准划分，本书采用应用较为广泛的余弦距离（cosine distance，CD）计算不同均方根值之间的相似度，具体步骤如下。

（1）对滚动轴承全寿命周期振动信号数据利用 4. 2. 1 节中的公式进行均方根值的计算，并进行五点平滑处理，消除因噪声而产生的毛刺效果导致影响状态变化点的判断，从而绘制出全寿命周期均方根值变化曲线。

（2）将计算后的前 6 个样本振动信号的均方根值的平均数作为正常基准特征向量，利用式（6-6）进行特征向量之间余弦距离的计算。

$$\mathrm{CD} = \frac{\sum_{i=1}^{N} x_i y_i}{\sqrt{\sum_{i=1}^{N} x_i^2}\sqrt{\sum_{i=1}^{N} y_i^2}} \tag{6-6}$$

由式（6-6）可知，待测特征向量与正常基准特征向量的相似性可通过二者间夹角的余弦值大小来判断：余弦值越接近1，说明夹角越小，健康状态越好；反之，余弦值越小，说明夹角越趋近于90°，健康状态越差。将这种特征作为最终健康状态评价指标（health index，HI），并绘制出平滑的健康状态变化曲线。

6.2.2 健康评估评价指标

为实现滚动轴承健康状态评估过程中，由正常阶段转变为故障状态的及时预警，采用3σ法则设置故障报警阈值，HI值符合正态分布，将均值设为$\bar{x}$，方差设为σ^2，正常状态的HI值分布在（$\bar{x}-3\sigma$，$\bar{x}+3\sigma$）区间范围内的概率为99.73%，均值和方差的计算公式如下：

$$\bar{x}=\frac{\sum_{i=1}^{n}x_i}{n} \tag{6-7}$$

$$\sigma^2=\frac{\sum_{i=1}^{n}(x_i-\bar{x})^2}{n} \tag{6-8}$$

式中，n为前n个正常状态样本；x为当前正常样本健康指标。

由于本书设置的HI将会呈现递减趋势，因此只需计算下限$\bar{x}+3\sigma$作为阈值即可，当某个HI值小于阈值时，证明滚动轴承将要偏离正常状态进入早期故障状态，设置报警阈值能够及时发现滚动轴承健康状态的变化，提醒技术人员采取相应的措施。

6.2.3 滚动轴承健康状态评估模型构建流程

在前期的准备工作完成之后就可以进行滚动轴承健康状态评估模型的建立，构建流程如图6-6所示。

具体步骤如下：

（1）将滚动轴承从正常状态到重度故障状态的不同健康状态振动信号数据进行均方根的计算，计算不同均方根特征向量之间的余弦相似度，构建健康状态评价指标，进而绘制出平滑的全寿命周期均方根值变化曲线和健康状态变化曲线，最后计算故障报警阈值，实现轴承样本健康状态的准确划分。

（2）利用前文的构建方法，进行SVM模型的构建，设置正常状态、早期故障状态、中度故障状态、重度故障状态四种分类标签，其余过程与5.4节中滚动轴承故障诊断模型建立流程的步骤（4）相同。

（3）将训练集数据输入SVM中，适应度函数与5.4节中故障诊断模型中建

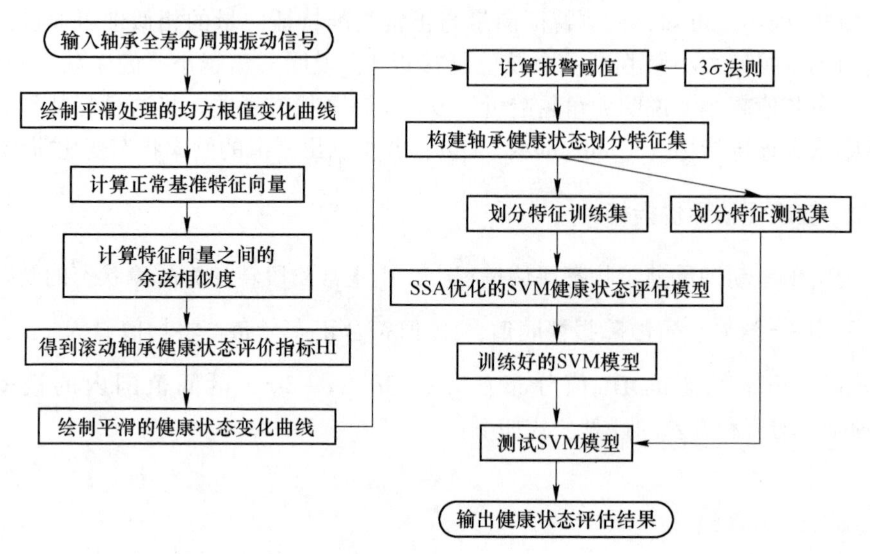

图 6-6 滚动轴承健康状态评估模型

立流程的步骤（5）相同，利用 SSA 算法对 SVM 中的核函数参数 g 和惩罚因子 c 求得最优值，形成 SSA 优化后的 SVM。

（4）将测试集样本经过（1）~（3）步骤的处理后输入训练好的 SSA-SVM 中，实现滚动轴承不同健康状态的评估。

6.3 基于多层网格搜索的 RF-LSTM 的滚动轴承剩余寿命预测模型

基于多层网格搜索的 RF-LSTM 剩余寿命预测模型由两个主要部分组成：RF 模型和 LSTM 模型。其中，RF 模型是基于随机森林算法构建的，用于特征选择和预测模型的初步构建。LSTM 模型对寿命进行建模，捕捉时间序列中的长期依赖关系，并且可以自适应地学习数据中的特征。多层网格搜索用于自动化地寻找 RF-LSTM 模型的最优参数组合，以提高模型的准确性和稳定性。通过这两个主要部分的结合，可以构建出更加精准、可靠的剩余寿命预测模型。模型预测流程如图 6-7 所示。模型具体实验步骤为：

（1）对于原始采集的轴承传感器数据进行数据清洗、特征提取和标准化处理。将每个轴承传感器数据序列切分为多个时间步，然后根据这些时间步提取出多种特征，如均值、标准差、偏度、峰度等 12 种。对这些指标数据进行异常值处理和数据归一化处理，并对 RF-LSTM 模型进行训练，采用多层网格搜索对模型进行超参数调优，以达到最佳预测效果。然后，将这组新的毫无关联的综合指标数据作为退化指标数据，将数据随机划分为训练集和测试集，其中训练集用于模型训练，测试集用于模型评估。

(2) 将步骤 (1) 的训练集数据使用 min-max 归一化预处理，作为设备退化程度值的时序数据输入 LSTM 时序数据预测模型中进行训练。此模型的目标是预测轴承的退化程度。为了得到最佳的预测效果，通过多层网格搜索算法来获取最佳的参数组合，进而更新 LSTM 模型的参数，以构建最佳的设备退化程度预测模型。

(3) 通过对步骤 (1) 和步骤 (2) 的分析，建立了一个最优的设备退化程度预测模型。该模型可以利用设备的历史数据来预测未来的退化情况，并且具有较高的预测准确度。在此基础上，利用多项式曲线对预测的后续设备退化程度值进行拟合，以获得设备的退化程度曲线。通过分析这条曲线，对设备的剩余使用寿命进行计算，并对设备的健康状况进行评估。

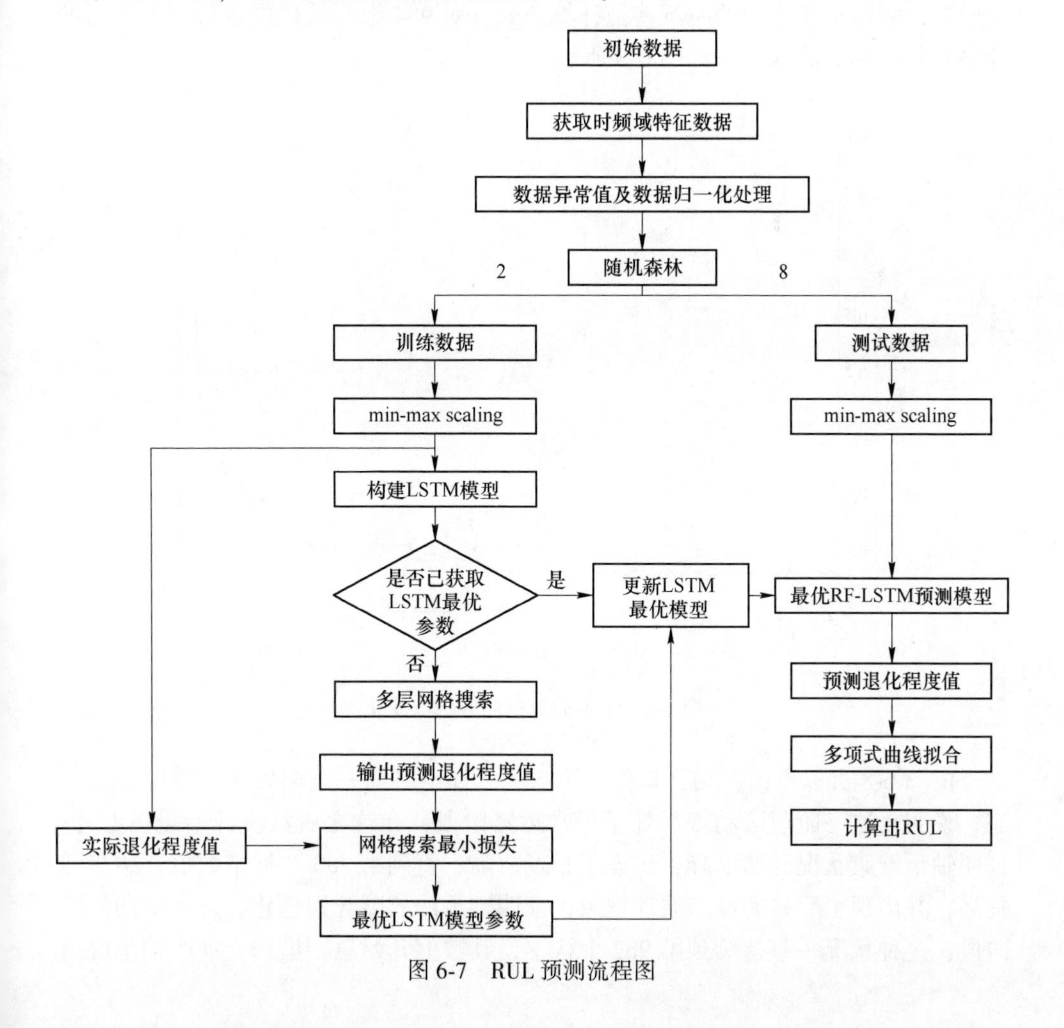

图 6-7 RUL 预测流程图

6.4　状态评估与剩余寿命预测实验仿真与分析

6.4.1　SSA-SVM 健康状态评估仿真分析

在前期的滚动轴承数据选取完成之后，就需要对时域特征中的均方根值进行计算，利用第 4 章中计算公式转换成 HI 值，并融入故障报警阈值，从而实现对滚动轴承样本健康状态的划分，然后再输入未优化与优化的 SVM 中，实现对滚动轴承健康状态的评估。具体数据样本划分已于 3.5.3 节中介绍。

6.4.1.1　滚动轴承健康状态的划分

为验证本书选择的均方根值能够有效地划分出滚动轴承样本数据从正常到失效的鲜明特征，以及所提出的 HI 值和报警阈值对提前判断状态是否发生变化的有效性，利用第 3 章中的时域特征计算公式，对 984 组实验数据进行均方根值的计算，并绘制成曲线图，如图 6-8 所示。

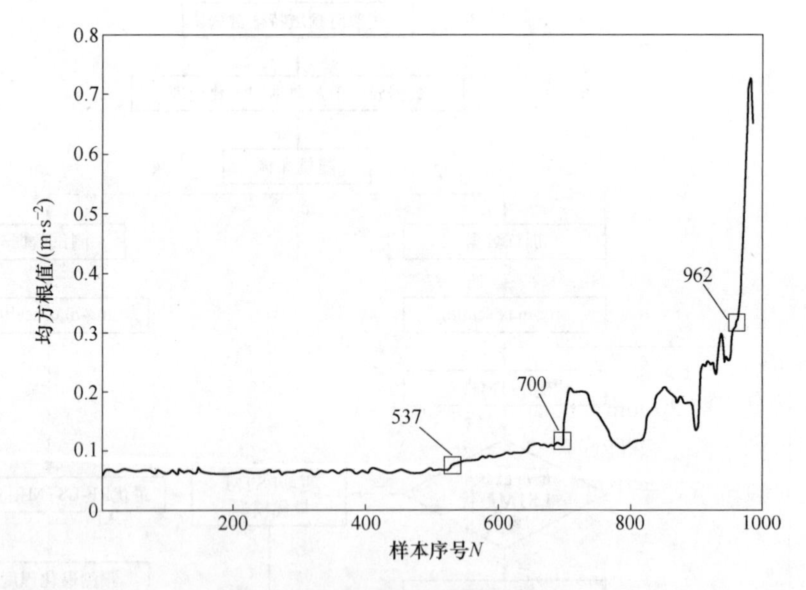

图 6-8　全寿命数据均方根值变化

由图 6-8 可以看出：均方根值在第 537 个样本之前一直都处于比较稳定的状态，说明在这一阶段滚动轴承处于正常运转阶段；在这之后数值开始缓慢上升，证明轴承健康状况开始下降，出现了早期故障；直到第 700 个样本数值开始突然提高，并出现了明显的增减波动现象，证明轴承的故障开始恶化，进入中期故障阶段；这种状况一直持续到第 962 个样本，其数值开始急剧增加，证明轴承健康状态严重降低并趋于失效，这一阶段为重度故障状态。

利用6.2节中的方法删除末尾失效点，将均方根值转化为健康状态评价指标HI，并对前200个样本计算均值和方差，从而得出故障报警阈值，最后绘制成HI值变化曲线，如图6-9所示。

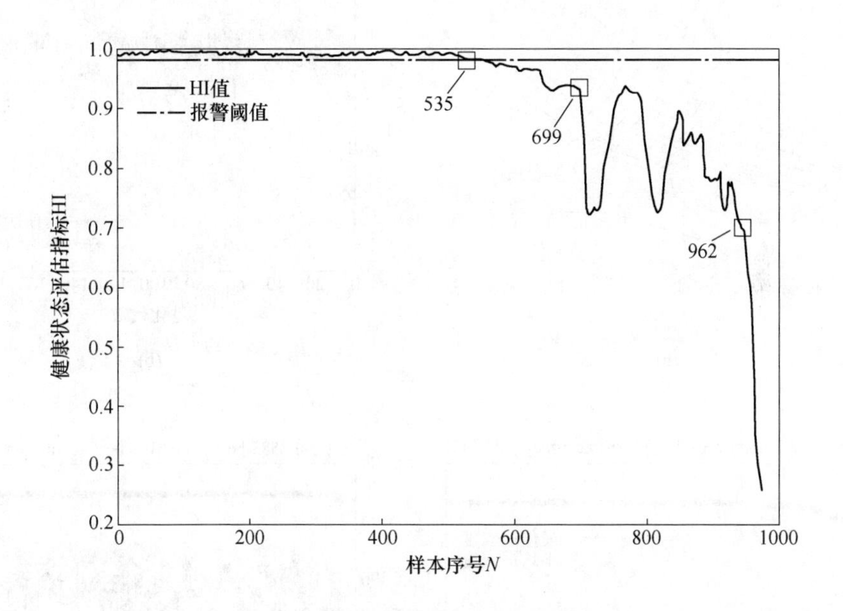

图6-9 全寿命数据HI值变化

从图6-9中可以看出：在前期很长的一段时间里HI值一直比较平稳，证明这段时间里轴承处于正常状态；而从第535个样本开始，HI值开始低于报警阈值，证明轴承即将进入早期故障状态，比利用均方根值变化方法提前了2个样本，也就是提前20 min；此后HI值开始缓慢下降，直到第699个样本时，HI值出现明显的下降，并且此后产生明显的波动情况，表明轴承故障反复加深并磨平，此阶段轴承处于中度故障状态，比利用均方根值变化方法提前了1个样本，也就是提前10 min；重度故障状态检测点与利用均方根值变化方法相同。综上，HI值变化方法可比均方根值变化方法提前发现轴承健康状态的变化，提醒技术人员提前做出维护决策。

6.4.1.2 各算法对SVM中参数寻优对比

从处理后的滚动轴承四种状态的特征数据中，每种随机选取70组作为训练集，30组作为测试集，算法的种群数量、最大迭代次数，以及适应度函数中K折交叉验证法的K值等与5.7.1.1节中设置相同，各算法对SVM中g与c寻优的适应度结果对比如图6-10所示。

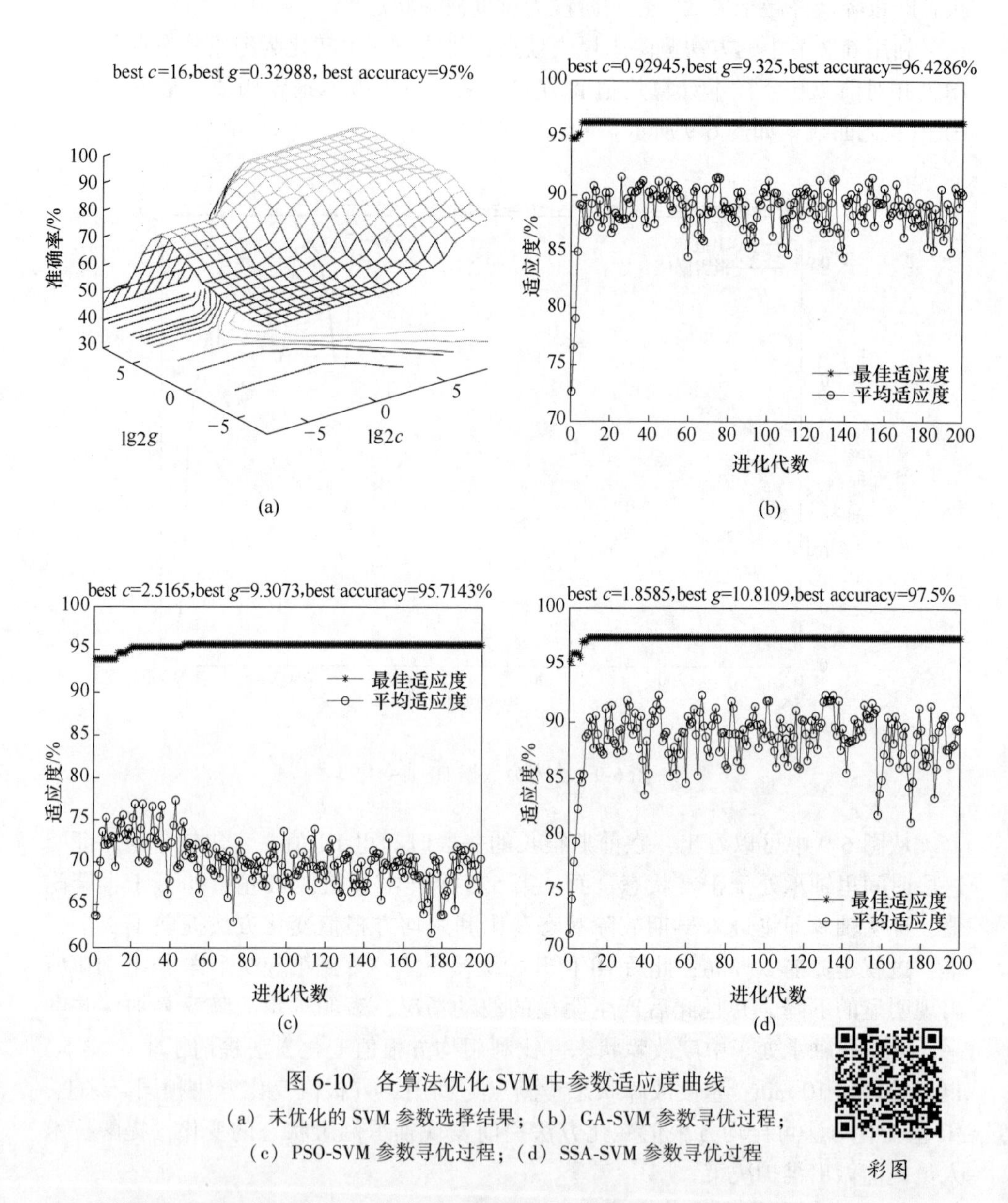

图 6-10　各算法优化 SVM 中参数适应度曲线

(a) 未优化的 SVM 参数选择结果；(b) GA-SVM 参数寻优过程；
(c) PSO-SVM 参数寻优过程；(d) SSA-SVM 参数寻优过程

从图 6-10 中可以看出，未优化的 SVM 最佳评估准确率在四者中最低，为 95%，表明了优化 SVM 中参数的必要性。GA-SVM、PSO-SVM 及 SSA-SVM 的最佳适应度曲线都整体逐步上升，并分别在第 6 代、第 47 代、第 10 代时达到最优值后保持不变，5 折交叉验证准确率分别稳定在了 96. 4286%、95. 7143%、97. 5%，体现出 SSA-SVM 具有较高的评估准确率。

6.4.1.3 各健康状态评估模型评估结果对比

将6.4.1.2节中各算法寻优出的核函数参数 g 和惩罚因子 c 的最优值输入样本为测试集特征数据的健康状态评估模型中，将各评估模型从评估准确率、计算时间两方面进行对比，验证本书所用方法的优势所在，各模型评估结果如下。

从图6-11和表6-1中可以看出未优化的SVM模型的具体评估结果，其中第38组样本实际为早期故障状态，被错误评估为中度故障状态，第62、69、70、72、74、86组样本实际为中度故障状态，被错误评估为早期故障状态，第93、112组样本实际为重度故障状态，被错误评估为早期故障状态。

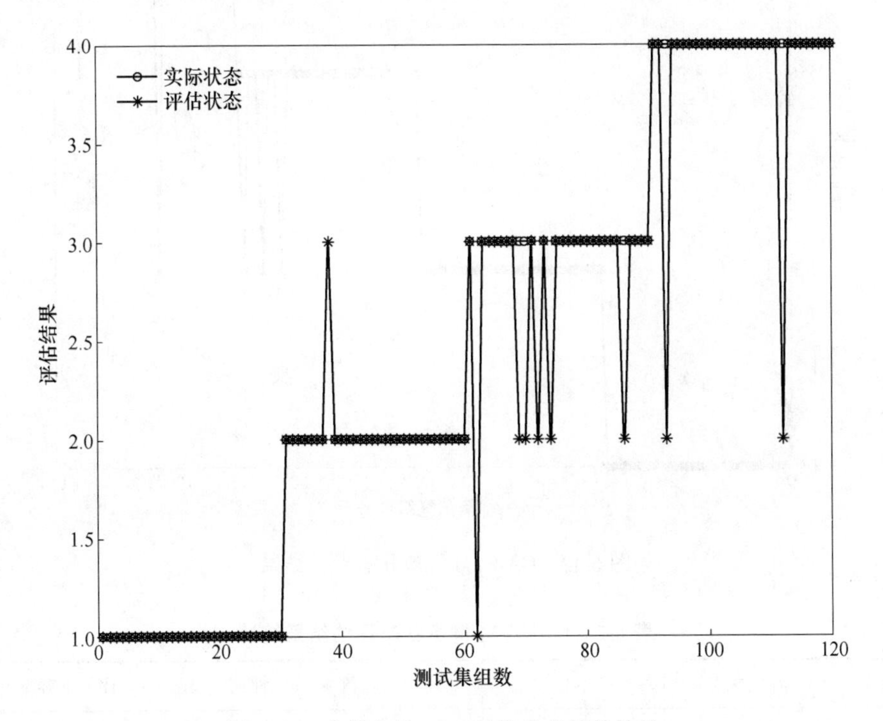

图6-11 未优化的SVM健康状态评估结果

表6-1 未优化的SVM健康状态评估结果统计

标签	轴承状态	样本总数	评估正确数	评估错误数	评估准确率/%
1	正常状态	30	30	0	100
2	早期故障状态	30	29	1	96.6667
3	中度故障状态	30	24	6	80
4	重度故障状态	30	28	2	93.3333

从图 6-12 和表 6-2 中可以看出 GA-SVM 模型的具体评估结果，其中第 83、86、89 组样本实际为中度故障状态，被错误评估为早期故障状态，第 103、116 组样本实际为重度故障状态，分别被错误评估为早期故障状态、中度故障状态。

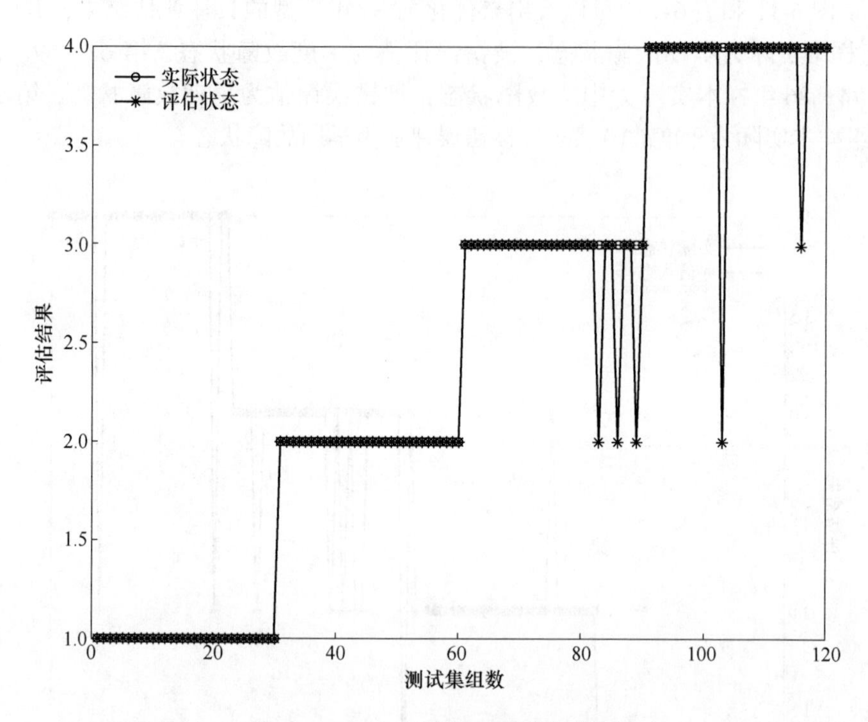

图 6-12　GA-SVM 健康状态评估结果

表 6-2　GA-SVM 健康状态评估结果统计

标签	轴承状态	样本总数	评估正确数	评估错误数	评估准确率/%
1	正常状态	30	30	0	100
2	早期故障状态	30	30	0	100
3	中度故障状态	30	27	3	90
4	重度故障状态	30	28	2	93. 3333

从图 6-13 和表 6-3 中可以看出 PSO-SVM 模型的具体评估结果，其中第 74、75、80、90 组样本实际为中度故障状态，被错误评估为早期故障状态，第 97、102 组样本实际为重度故障状态，分别被错误评估为早期故障状态、中度故障状态。

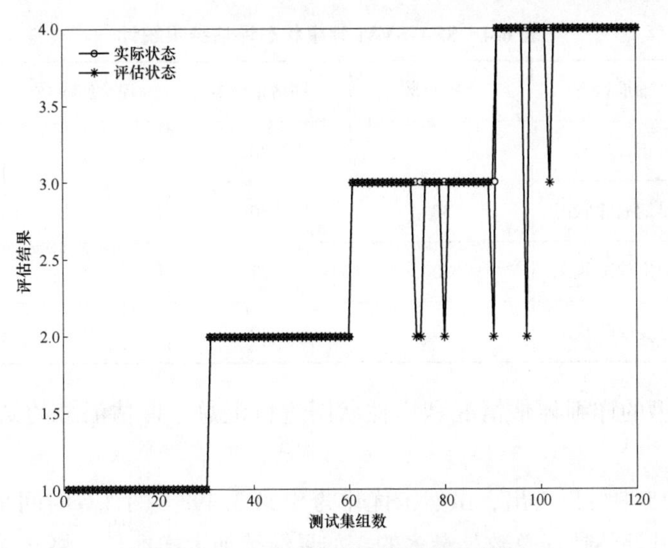

图 6-13 PSO-SVM 健康状态评估结果

表 6-3 PSO-SVM 健康状态评估结果统计

标签	轴承状态	样本总数	评估正确数	评估错误数	评估准确率/%
1	正常状态	30	30	0	100
2	早期故障状态	30	30	0	100
3	中度故障状态	30	26	4	86.6667
4	重度故障状态	30	28	2	93.3333

从图 6-14 和表 6-4 中可以看出 SSA-SVM 模型的具体评估结果，其中第 68、81、83 组样本实际为中度故障状态，都被错误评估为早期故障状态。

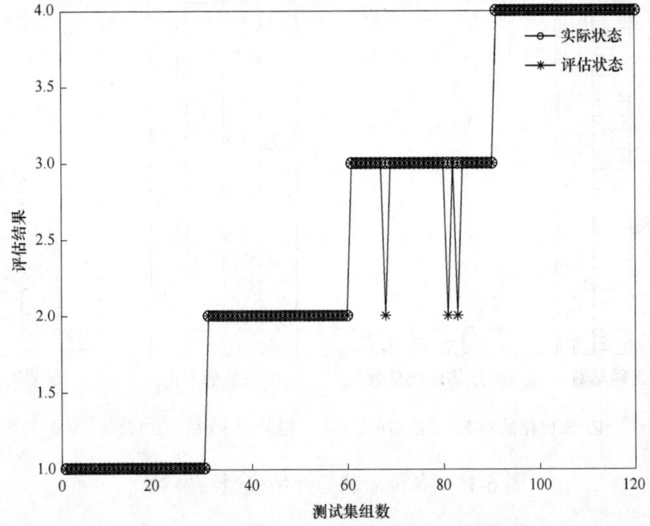

图 6-14 SSA-SVM 健康状态评估结果

表 6-4　SSA-SVM 健康状态评估结果统计

标签	轴承状态	样本总数	评估正确数	评估错误数	评估准确率/%
1	正常状态	30	30	0	100
2	早期故障状态	30	30	0	100
3	中度故障状态	30	27	3	90
4	重度故障状态	30	30	0	100

将各模型的详细评估情况利用柱状图进行汇总，评估汇总的结果如图 6-15 所示。

从图 6-15 中可以看出，虽然未优化的 SVM 3. 498 s 的计算时间是四种模型中最少的，但其评估错误总数是最多的，如果继续加大样本量，将会与其他模型形成更大的错误数量差距，SSA-SVM 评估模型 97. 5%的准确率和 28. 742 s 的计算时间都是三种优化的 SVM 模型中最佳的，证明了 SSA 算法对优化 SVM 中核函数参数 g 和惩罚因子 c 的有效性，同时也体现了本书构建的 SSA-SVM 评估模型相比于其他三种模型的优越性，适用于对滚动轴承全寿命周期过程中健康状态的评估。

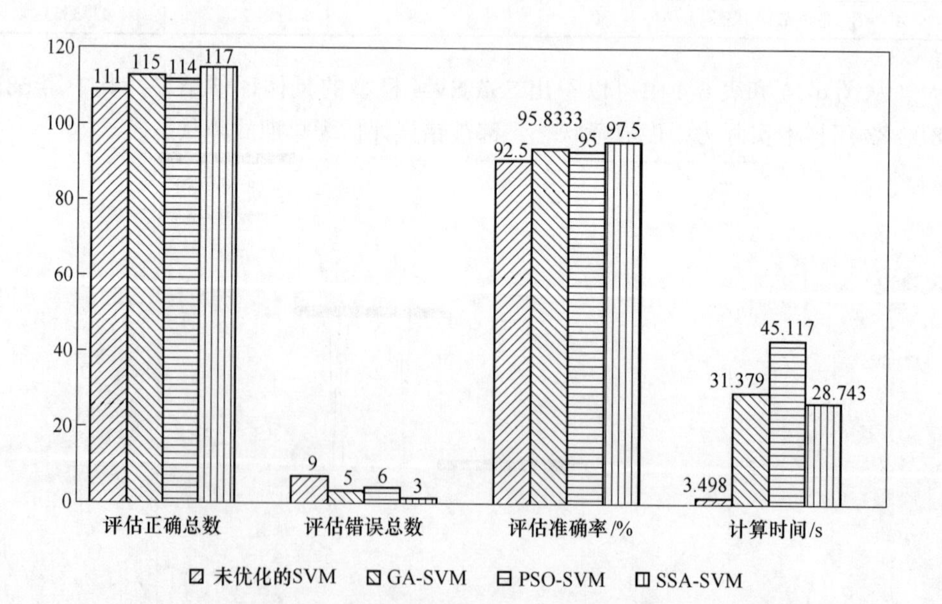

图 6-15　各健康状态评估模型结果对比

为形成横向对比，将本书的SSA-SVM评估结果与文献［166］利用主成分分析与时域特征指标结合形成了健康状态评估指标，并与采用改进的布谷鸟算法（ICS）构建的ICS-SVM健康状态评估模型的结果进行对比，两者都采用了辛辛那提大学轴承数据集，文献［166］的ICS-SVM评估准确率为96.25%。而本书的SSA-SVM评估模型准确率比其高了1.25%。虽然从准确率方面看，只有小幅度的提高，但当面对大量的轴承样本时，两模型的评估准确数量差距将会形成鲜明的对比。

6.4.2 多层网格搜索的RF-LSTM的剩余寿命预测仿真分析

通过时频图对轴承故障的判断及磨损程度的判断，先对数据进行特征提取，然后利用RF-LSTM模型对数据进行训练和预测。为了提高模型的准确性和泛化能力，在模型训练过程中，采用了网格搜索算法来搜索最佳的参数组合。最终，基于数据集对模型进行了实验仿真，验证了其在轴承剩余寿命预测方面的有效和实用性。

6.4.2.1 转子轴承数据集仿真验证

本实验采用同一类型转子轴承的完整寿命振动数据，包含984个采样点，采样频率为20 kHz，采样点间隔10 min。考虑到前484个采样点的轴承状态平稳，本次实验只选取从第485个采样点开始，轴承状态变化明显的500个采样点数据，约为83 h。从图6-16可知，从第485个采样点开始，轴承振幅绝对值逐渐增加，标志着轴承开始由正常状态进入退化状态。本书使用上述收集到的数据对滚动轴承的整体寿命进行研究，并分析其性能变化情况。数据分析结果帮助了解滚动轴承的运行状态，为轴承的维护和保养提供重要的依据和参考。

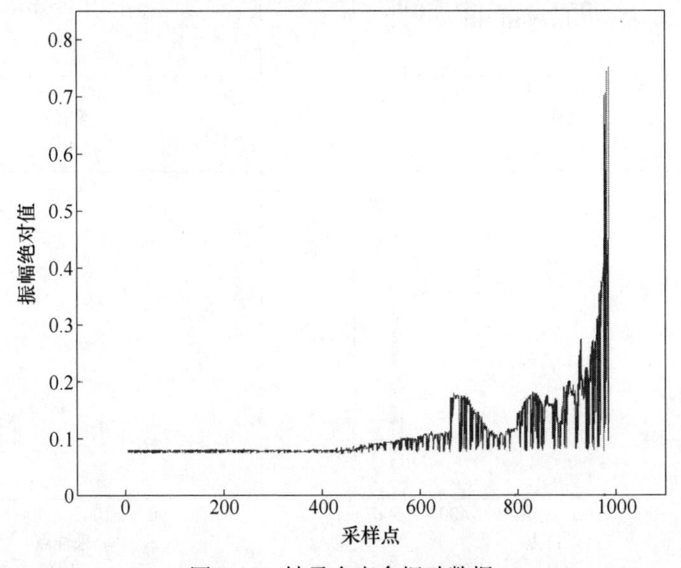

图6-16 轴承全寿命振动数据

A　数据处理

(1) 从500个采样点的时频域数据中提取了12个指标数据，如均方根值、平均值、峰值等，如图6-17所示。在约200个采样点处出现第一次异常变化，随后趋势加强，480~500个采样点时现象加剧。这些异常值会严重干扰数据的时序性，因此需要进行处理以保证预测准确性。

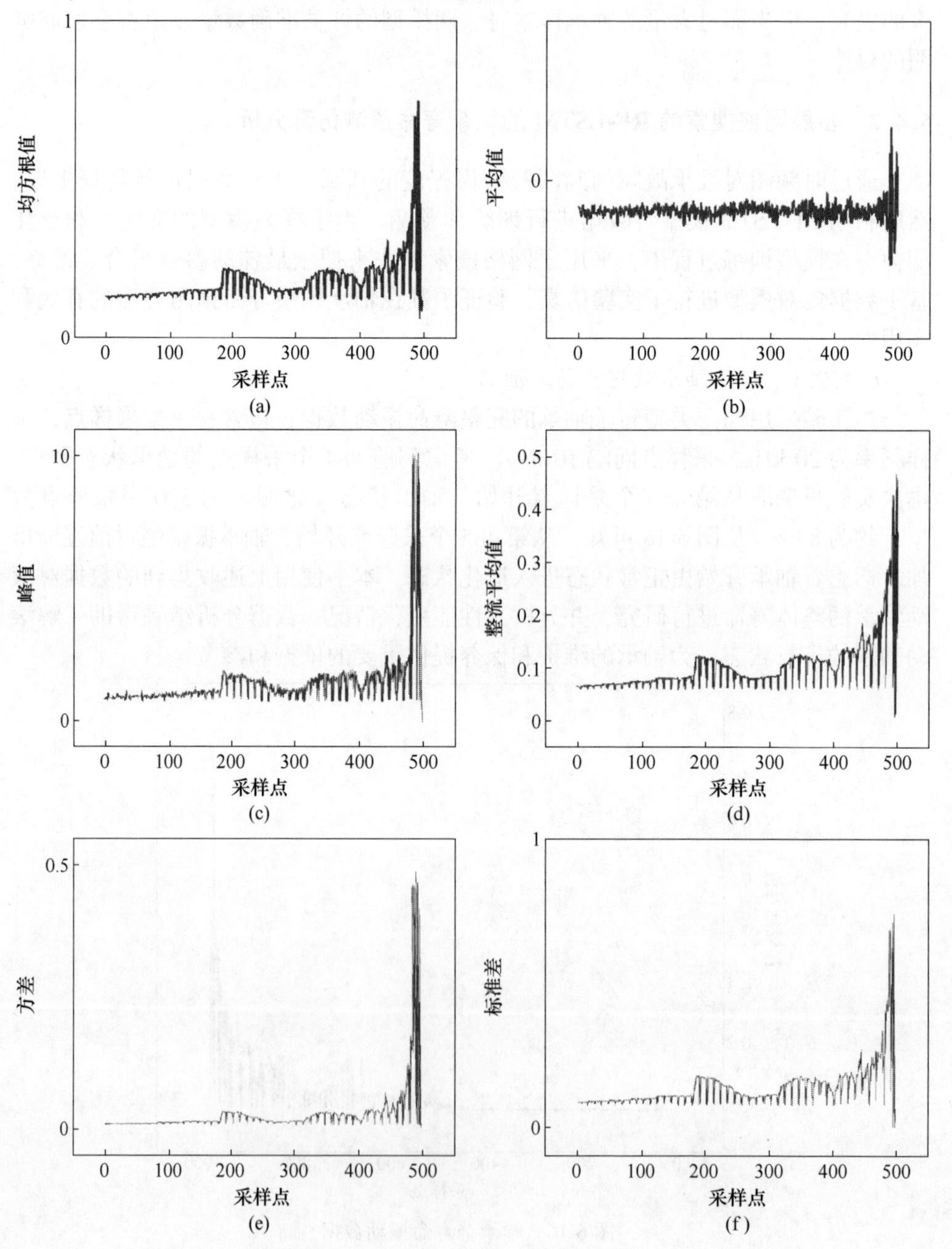

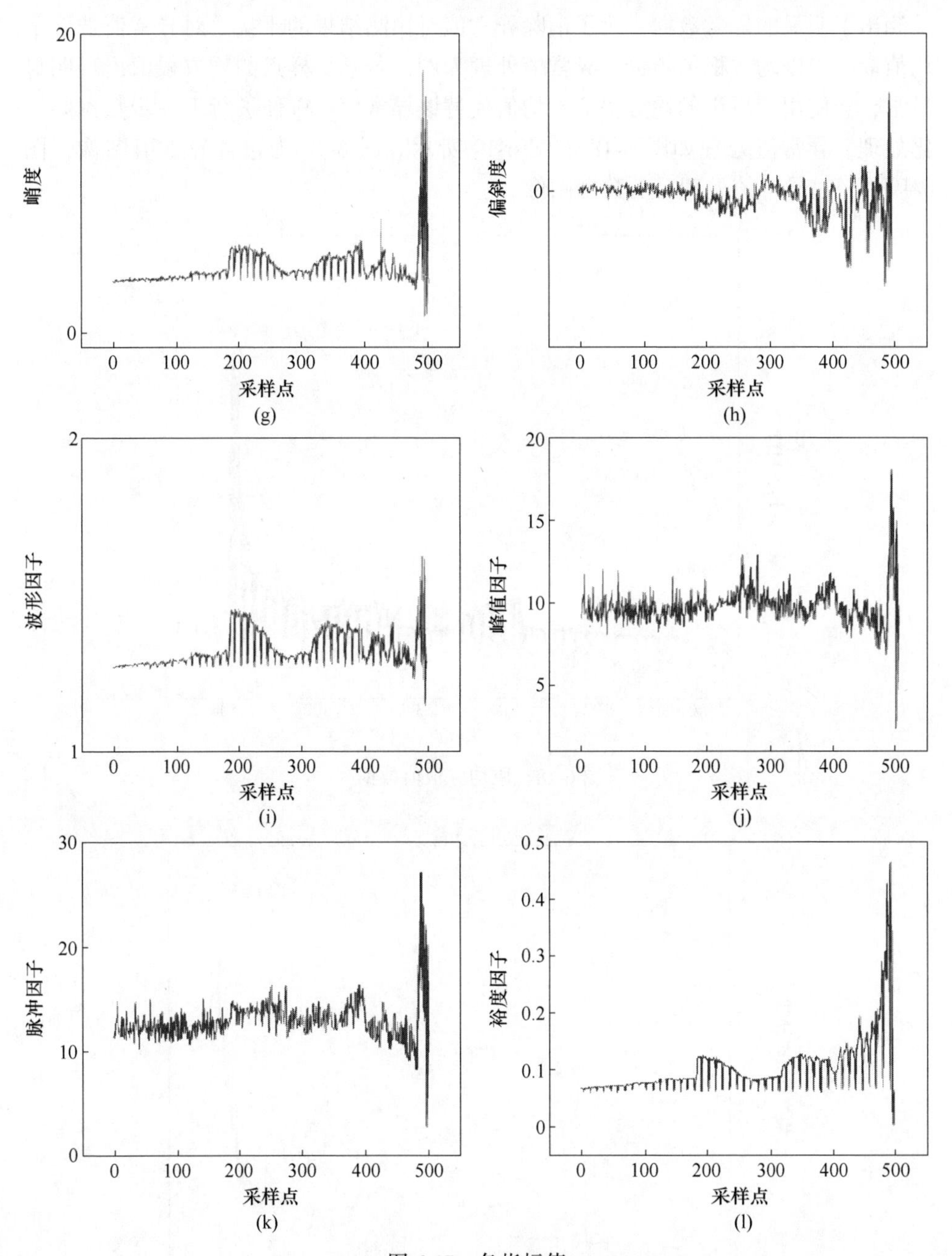

图 6-17　各指标值

(a) 均方根值；(b) 平均值；(c) 峰值；(d) 整流平均值；(e) 方差；(f) 标准差；(g) 峭度；(h) 偏斜度；(i) 波形因子；(j) 峰值因子；(k) 脉冲因子；(l) 裕度因子

（2）异常值处理。通过观察 500 个采样点中 12 个指标变量的时序变化趋势，检测出了明显的异常数据。为了消除异常值对预测结果的干扰，对异常值选取平均值取替。以均方根值指标的异常值处理为例，若某采样点的均方根值出现明显异常，会使用前后组的均方根值平均值代替该异常值，以便进行下一步数据归一化处理。异常值处理如图 6-18 和图 6-19 所示。图 6-18 为包含异常值图像，图 6-19 为经过异常值处理后的数据图像。

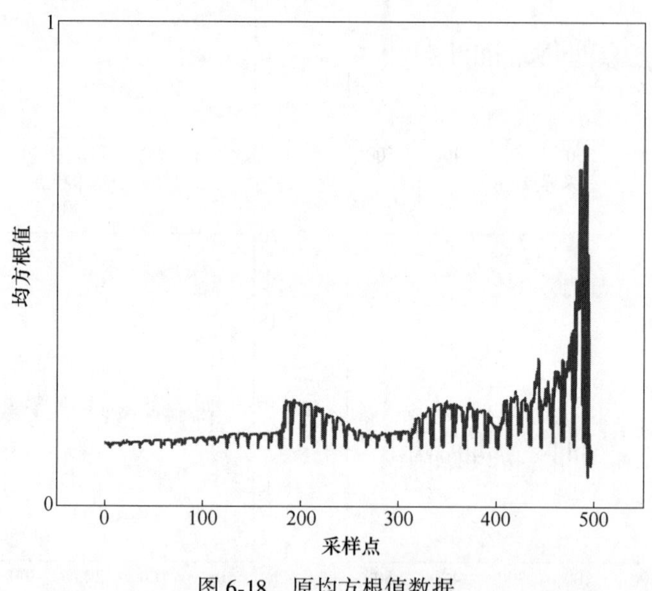

图 6-18　原均方根值数据

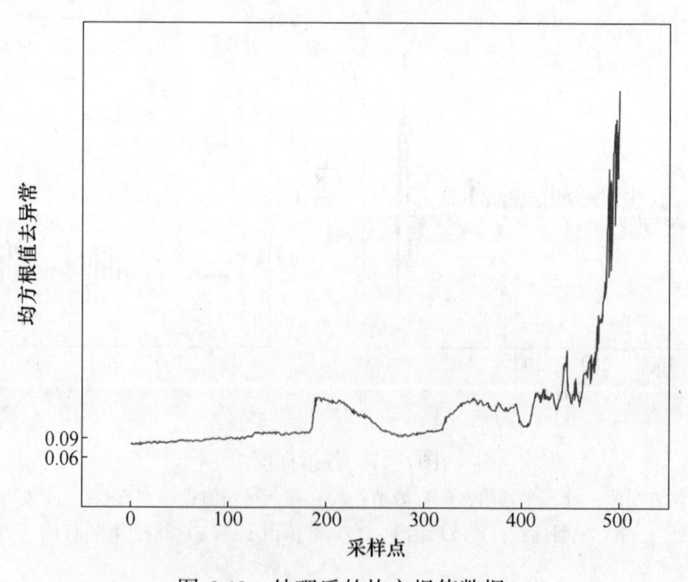

图 6-19　处理后的均方根值数据

（3）数据归一化处理。数据中的每个值减去对应指标数据的最小值 $x_{\min}$，然后除以最大值与最小值之间的差值 $x_{\max}-x_{\min}$，这样处理之后，所有的指标数据都将变成区间［0，1］中的数值。例如，指标数据 1 中的 500 个值 x_1，x_2，x_3，…，x_{499}，x_{500}消除了不同量纲之间的影响。那么指标数据 1 采用标准化后的第 N 组数值 $x_{N,\text{new}}$ 为 $x_{N,\text{new}}=\dfrac{x_N-x_{\min}}{x_{\max}-x_{\min}}$。

（4）随机森林。首先，收集并准备好要用于训练和测试的数据集。数据集应包含特征和目标变量。对数据进行预处理，包括数据清洗、特征选择、特征提取和特征缩放等步骤。使用训练集来训练随机森林模型。对于每个决策树，随机选择一定数量的特征，并使用随机子集的数据来构建树。使用测试集来评估模型性能。可以使用各种指标，来评估模型的性能。如果模型性能不理想，则需要调整模型参数。可以通过增加决策树的数量、调整特征数量和调整树的深度等来优化模型。使用已训练好的模型来预测新数据的分类或回归结果。

（5）数据集划分。将经过随机森林处理的数据代表轴承退化程度值，训练集与测试集比例设置 8∶2。0 代表设备正常，1 代表故障失效，退化程度值范围为 0~1。

B 模型训练

（1）模型输入与输出。将轴承退化程度值训练集的数据输入 LSTM 模型中，假设轴承退化程度的时序数据为 $\{x_1, x_2, \cdots, x_{500}\}$，输入时间步特征长度 look_back 为 l，那么训练集输入的时序数据则为 $\{x_1, x_2, \cdots, x_l\}$，$\{x_2, x_3, \cdots, x_{l+1}\}$，…，$\{x_{m-l}, x_{m-l+1}, \cdots, x_{m-1}\}$，其中 m 为划分训练集的数据个数；对应的训练集时序输出为：

$$y_{\text{train}}=\begin{bmatrix}x_{l+1}\\x_{l+2}\\\vdots\\x_m\end{bmatrix}\tag{6-9}$$

当测试集输入的时序数据为 $\{x_{m-l}, x_{m-l+1}, \cdots, x_{m-1}\}$，…，$\{x_{500-2l+1}, x_{500-2l+2}, \cdots, x_{500-l}\}$，理论输出可以表示为：

$$y_{\text{test}}=\begin{bmatrix}y_{\text{test1}}\\y_{\text{test2}}\\\vdots\\y_{\text{test}500-m-l+1}\end{bmatrix}=\begin{bmatrix}x_{m+1}\\x_{m+2}\\\vdots\\x_{500}\end{bmatrix}\tag{6-10}$$

当测试集实际输出为：

$$y_{\text{ture}} = \begin{bmatrix} y_{\text{ture1}} \\ y_{\text{ture2}} \\ \vdots \\ y_{\text{ture500}-m-l+1} \end{bmatrix} \tag{6-11}$$

测试集损失可以使用均方根值计算为：

$$\text{RMSE} = \sqrt{\frac{\sum_{t=1}^{500-m-l+1} (y_{\text{true}i} - y_{\text{test}i})^2}{500 - m - l + 1}} \tag{6-12}$$

（2）多层网格搜索算法优化参数。采用多层网格搜索方法对模型的主要参数进行调优。在这个过程中，将重点优化三个参数，包括输入的时间步特征长度 look _ back、dropout 参数以及 LSTM 隐含层单元数 hidden。通过对这些参数的优化调整，可以提高模型的准确性和稳定性，进而更好地预测和分析轴承的退化程度。其中，look _ back 取值范围在{1，3，5，7，10，12，15，20}；dropout 取值范围在{0.1，0.3，0.5，0.7，0.9}；hidden 取值范围在{5，10，16，32，64，128}。训练损失值使用均方根值 RMSE 表示。

（3）寿命预测。将测试集代入训练好的模型进行预测，训练过程如图 6-20 所示，得到轴承退化程度趋势预测结果如图 6-21 所示。

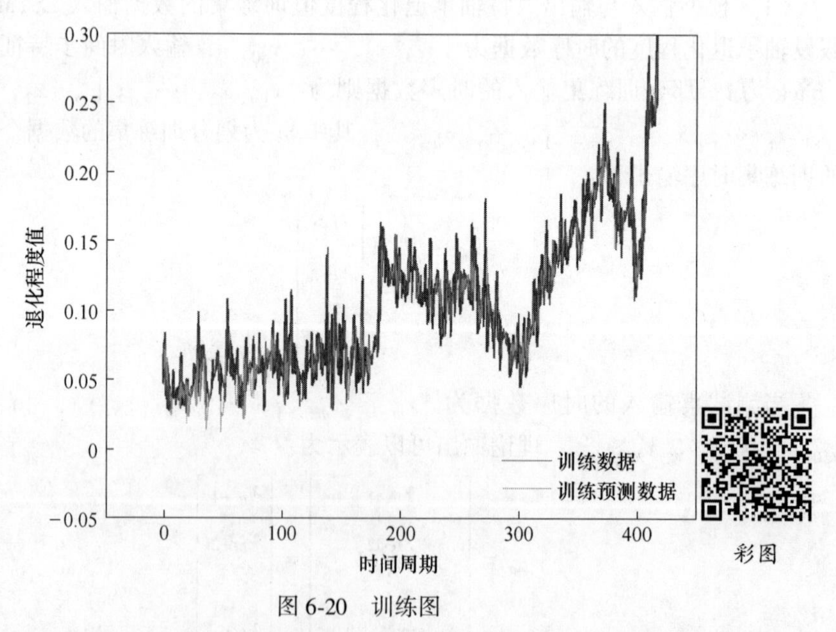

图 6-20　训练图

然后将预测的轴承退化程度趋势使用三次多项式曲线进行拟合，得到结果如图 6-22 所示。

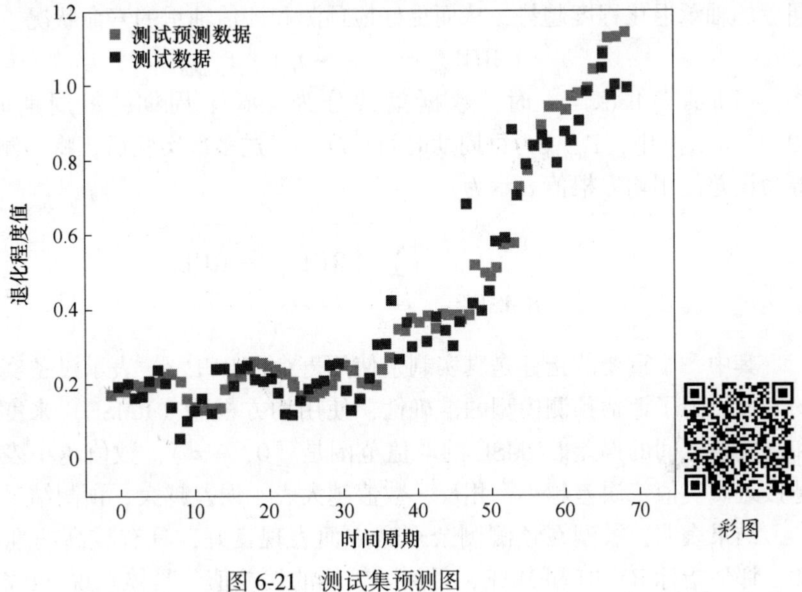

图 6-21 测试集预测图

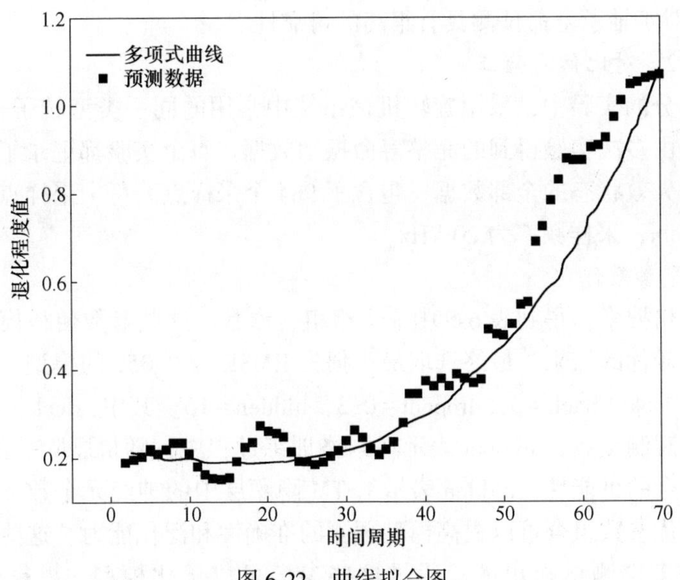

图 6-22 曲线拟合图

其中三次多项式曲线方程式为：

$$y = 3.48 \times 10^{-6}t^3 - 2.80 \times 10^{-5}t^2 - 2.08 \times 10^{-3}t + 0.3 \tag{6-13}$$

计算 t_{pre} 和 t_0 之间的时间差，得到轴承在 t_0 时期的剩余使用寿命。具体来说，设 t_{pre} 为轴承失效时间周期，t_0 为当前时间周期，则轴承在 t_0 时期的剩余使用寿命可表示为 $t_{pre}-t_0$。同时，通过对时间周期的监测和分析，还可以得到任意时间周期后的轴承退化程度趋势，从而更好地预测和评估轴承的寿命状况。

$$\mathrm{RUL}_{\mathrm{pre}} = (t_{\mathrm{pre}} - t_0) \cdot T_{\mathrm{length}} \tag{6-14}$$

当 look _ back = 4 时，数据集共分为 496 个周期，每周期时间长度为 10.04 min。其中，T_{length}为每周期时间长度。经过多次实验后，将预测的剩余使用寿命误差使用均方根值表示为：

$$\mathrm{RMSE} = \sqrt{\frac{\sum_{t=1}^{n} (\mathrm{RUL}_{\mathrm{pre}i} - \mathrm{RUL}_i)^2}{n}} \tag{6-15}$$

其中一个重要的指标是真实剩余使用寿命（RUL_i），表示设备实际还能使用的寿命。为了评估预测模型的准确性，使用均方根值（RMSE）来度量预测结果和真实值之间的误差。RMSE 的取值范围是［0，+∞），数值越小表示预测结果越接近真实值，误差越小；相反，数值越大表示误差越大，预测结果越不准确。

结果表明，模型在预测剩余寿命方面表现良好，具有较高的准确性和稳定性。评估指标 RMSE 和 MAE，得到了较低的误差值。具体来说，RMSE 为 3.12，MAE 为 2.46。结果显示，大部分预测值都分布在实际值的附近，证明了 RF-LSTM 模型对于轴承寿命预测具有很高的可靠性。

6.4.2.2　对比仿真验证

在本部分的实验中，采用旋转机械系统中常用的同一类型转子轴承的数据，这些数据是由多次实验得到的完整寿命振动数据。每个实验都记录了轴承从正常状态到故障失效状态的全部数据，包含了 984 个采样点。每个采样点之间的时间间隔为 10 min，采样频率为 20 kHz。

A　模型参数优化

经过网格搜索，得到表 6-5 中前十组组合参数，这些参数使得模型在训练数据上得到了较优的结果。最终选取最小损失 RMSE 为 0.059 的模型，该模型采用了最优参数 look _ back = 3，dropout = 0.3，hidden = 16。其中，look _ back 表示时间步的历史观测点数，dropout 表示在网络训练过程中，随机删除一部分神经元，以减少过拟合的可能性，hidden 表示 LSTM 隐藏层中的神经元个数。通过网格搜索得到的最优参数组合可以提高模型预测的准确性和泛化能力。这些参数是基于训练数据的多次测试得出的，通过这些参数可以优化模型，提高模型的预测能力。

表 6-5　网格搜索后最优参数组合

排名	模型参数			训练损失 RMSE	预测损失 RMSE	用时/s
	look _ back	dropout	hidden			
1	3	0.3	16	0.059	0.059	52

续表 6-5

排名	模型参数			训练损失 RMSE	预测损失 RMSE	用时/s
	look _ back	dropout	hidden			
2	3	0.3	10	0.073	0.072	50
3	3	0.5	32	0.080	0.081	51
4	3	0.5	16	0.083	0.081	57
5	1	0.5	16	0.104	0.101	61
6	5	0.5	16	0.122	0.124	61
7	5	0.3	32	0.254	0.253	81
8	5	0.3	16	0.300	0.298	73
9	1	0.7	64	0.524	0.527	89
10	3	0.3	16	1.021	1.020	65

B 剩余寿命预测验证

本节对轴承的剩余使用寿命进行了多次预测，采用本方法并将预测结果与真实情况进行对比验证，来对本寿命预测方法的稳定性与准确性进行验证。预测结果见表 6-6。

表 6-6 对比验证

时刻	T1	T2	T3	T4	T5	T6	T7
真实剩余使用寿命时间/h	70.5	64.2	60.1	55.1	36.2	26.8	17.5
预测剩余使用寿命时间/h	69.5	64.0	59.8	54.8	36.00	26.5	17.3

C 其他方法模型对比

选取常见的寿命预测方法与本书的寿命预测算法对比来验证本书提出的算法的优势，控制软件、数据集比例、数据集大小和迭代次数相同。使用四种方法进行预测的轴承退化程度值的结果对比如图 6-23 和图 6-24 所示，具体剩余使用寿命预测详细对比结果见表 6-7。

（1）BP 神经网络预测模型同 LSTM 预测模型。

（2）使用传统的向量回归（SVR）建立寿命预测模型，根据文献经验，核函数选择“RBF”核函数，惩罚因子 c 设为 3。

（3）RF-RNN 预测模型同 LSTM 预测模型。

（4）LSTM 预测模型提取数据中的平均值，其他结构参数与本书所提出模型参数相同。

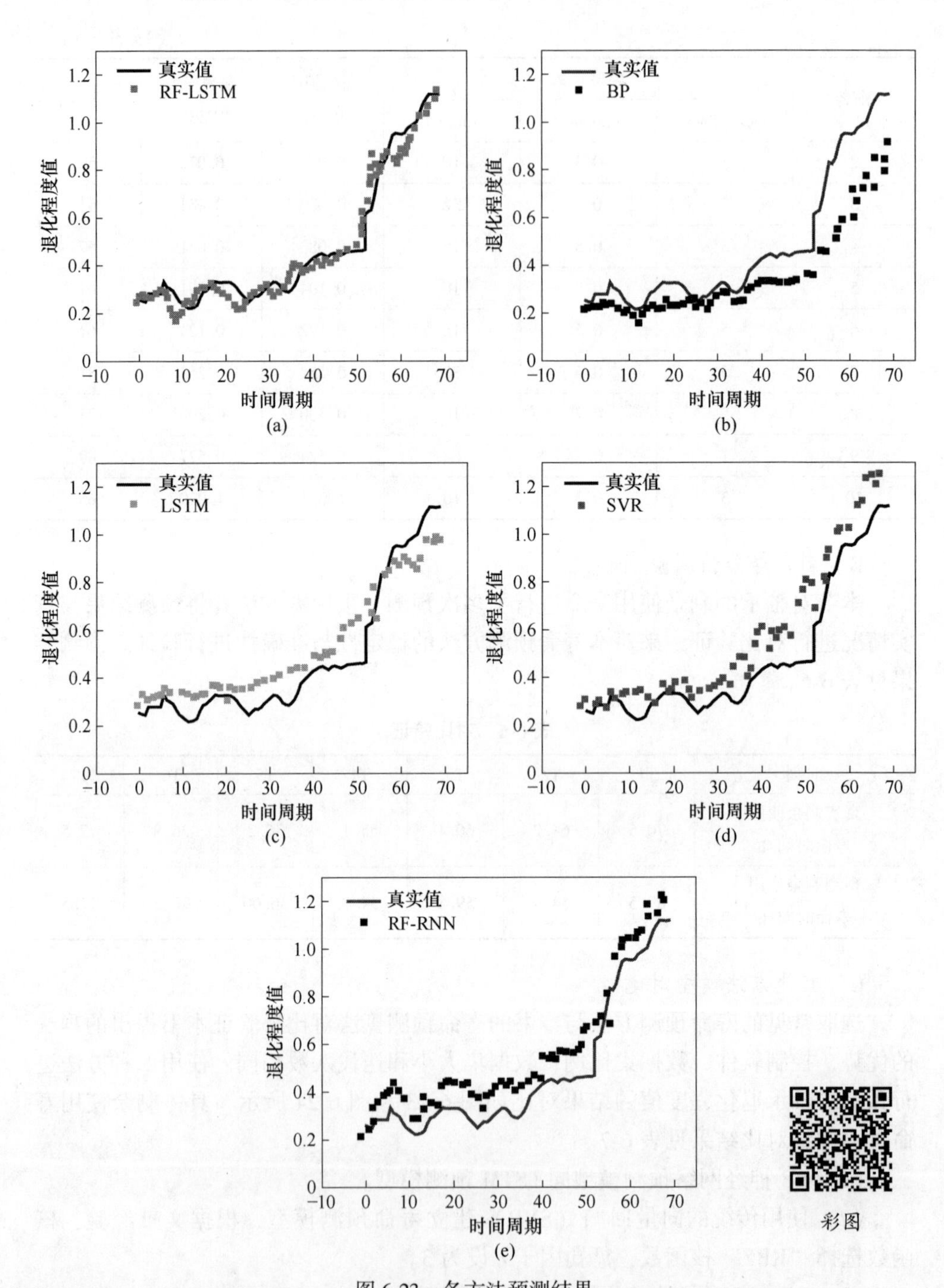

图 6-23　各方法预测结果

(a) RF-LSTM 模型；(b) BP 模型；(c) LSTM 模型；
(d) SVR 模型；(e) RF-RNN 模型

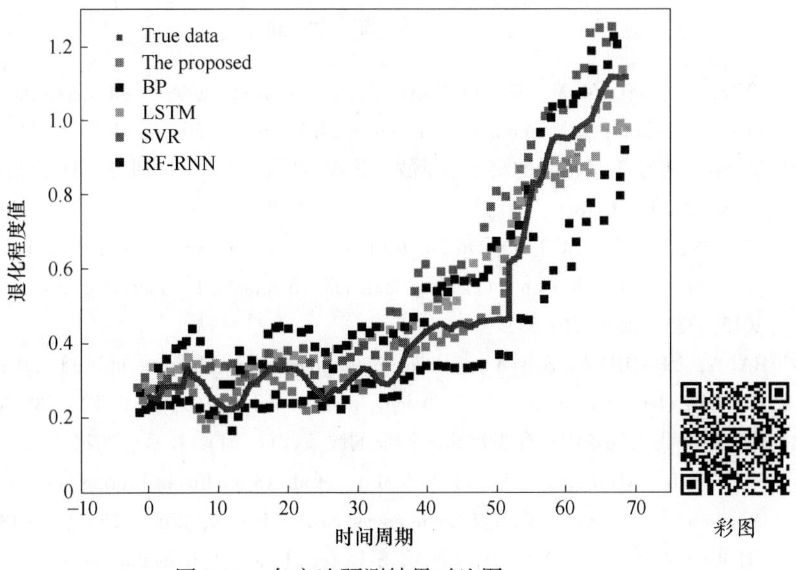

图 6-24 各方法预测结果对比图

由图 6-24 可以发现，在轴承退化值预测方面，本节提出的方法表现最佳。同时，LSTM 在时间序列数据预测方面展现出了卓越的优势，并且预测结果最接近原始数据值。这些结果表明了 LSTM 是一种强大的时间序列预测方法。

表 6-7 对比方法模型对比结果

模型	参数	训练集损失 RMSE	预测寿命 RMSE	用时/s
The proposed	look _ back=4；dropout=0.3；hidden=16	0.060	0.060	55
SVR	look _ back=4；kernel function=RBF；$c=3$	1.209	1.213	27
LSTM	look _ back=4；dropout=0.3；hidden=16	0.109	0.110	50
RF-RNN	look _ back=4；Weight、biases=［−1，1］；dropout=0.3；hidden=16	0.817	0.819	47
BP		2.040	2.041	52

由表 6-7 可看出，LSTM 的均方误差较低。比较 SVR、BP、RNN 等模型与 LSTM 模型的预测效果，结果表明，本书提出的 LSTM 模型在时间序列数据预测方面表现出了强大的优势，预测结果接近数据的原始值。此外，使用基于多层网格搜索的 RF-LSTM 模型在训练和预测过程中获得了最优结果，且耗时最短。这体现出三种算法结合的良好预测能力。

参 考 文 献

[1] SHIZA M, ISLAM M, MUHAMMAD S. Deep learning aided data-driven fault diagnosis of rotatory machine: A comprehensive review [J]. Energies, 2021, 14 (16): 113-125.

[2] 彭刘阳. 基于振动信号的滚动轴承故障诊断与状态识别方法研究 [D]. 北京: 中国矿业大学, 2019: 16-18.

[3] DING X, HE Q, LUO N. A fusion feature and its improvement based on locality preserving projections for rolling element bearing fault classification [J]. Journal of Sound and Vibration, 2015, 335 (26): 367-383.

[4] RAI A, UPADHYAY S H. A review on signal processing techniques utilized in the fault diagnosis of rolling element bearings [J]. Tribology International, 2016, 96 (18): 289-306.

[5] 徐宇辰. 我国装备制造业发展未来产业的政策建议 [J]. 经济, 2024 (6): 22-27.

[6] SAUFI S R, AHMAD Z A B, LEONG M S, et al. An intelligent bearing fault diagnosis system: A review [C]. MATEC Web of Conferences. EDP Sciences, 2019, 255 (9): 06005.

[7] CHOUDHARY A, GOYAL D, SHIMI S L, et al. Condition monitoring and fault diagnosis of induction motors: A review [J]. Archives of Computational Methods in Engineering, 2018, 26 (4): 1-18.

[8] 王晓龙. 基于振动信号处理的滚动轴承故障诊断方法研究 [D]. 北京: 华北电力大学, 2017: 27-31.

[9] 肖雅静. 基于支持向量机的滚动轴承故障诊断与预测方法研究 [D]. 北京: 中国矿业大学, 2019: 25-34.

[10] 张臣臣. 基于深度降噪自编码的轴承性能退化状态识别 [D]. 南昌: 华东交通大学, 2020: 1-2.

[11] 吴晓冬. 小波包结合 SVM 和神经网络在滚动轴承故障诊断中的应用 [D]. 合肥: 合肥工业大学, 2019: 1-3.

[12] TOMA R, PROSVIRIN E, KIM J. Bearing fault diagnosis of induction motors using a genetic algorithm and machine learning classifiers [J]. Sensors, 2020, 20 (7): 1884-1902.

[13] 李洋洋, 余开朝. 基于产品生命周期管理的新产品研发项目管理 [J]. 价值工程, 2017 (32): 32-33.

[14] DEAN J. Pricing policies for new products [J]. Harvard Business Review, 1950, 28 (6): 45-53.

[15] LEVIRT T. Exploit the product life cycle [J]. Harvard Business Review, 1965, 43 (6): 81-94.

[16] 徐兴, 李仁旺, 吴新丽. 基于产品生命周期时间维的冷链工位碳足迹模型与计算 [J]. 计算机集成制造系统, 2018, 24 (2): 533-538.

[17] 熊光楞. 并行工程的理论与实践 [M]. 北京: 清华大学出版社, 2001.

[18] VUKELIC D, BUDAK I, TADIC B. Multi-criteria decision-making and life cycle assessment model for optimal product selection: Case study of knee support [J]. International Journal of

Environmental Science and Technology, 2017, 14 (2): 353-364.

[19] ZHANG Y Z, LUO X F, JENNIFER J B. LCA-oriented semantic representation for the product life cycle [J]. Journal of Cleaner Production, 2015 (5): 146-162.

[20] PLM Action: A Strategic Framework for Delivering Continuous Product Innovation [R]. Reno, 2003.

[21] 周锐，郁鼎文，张玉峰，等．产品生命周期管理（PLM）的演化与发展［C］. 昆明：中国机械工程学会，2002：417-422.

[22] 荆平，贾海峰．产品生命周期评价系统的软件设计及开发［J］. 化工自动化及仪表，2012，34（2）：48-51.

[23] 沈斌，宫大，赵红．面向产品生命周期的网络化制造的研究［J］. 机械与电子，2010（1）：59-62.

[24] 沈斌，宫大，赵红．产品生命周期支持下的网络化制造平台的研究［J］. 制造业自动化，2006，28（2）：17-20.

[25] 周康渠，徐宗俊，郭钢．制造业新的管理理念——产品全生命周期管理［J］. 中国机械工程，2010，13（15）：1343-1346.

[26] 高占宝，梁旭，李行善．复杂系统综合健康管理［J］. 测控技术，2005，24（8）：1-5.

[27] 李爱军，章卫国，谭键．飞行器健康管理技术综述［J］. 电光与控制，2007，14（3）：79-83.

[28] 龙兵，孙振明，姜兴渭．航天器集成健康管理系统研究［J］. 航天控制，2003（2）：56-61.

[29] 满强，夏良华，王亚彬，等．复杂装备健康管理模式综述［J］. 火炮发射与控制学报，2009（2）：92-96.

[30] 胡静涛，徐皑冬，郭前进．大型设备网络化监测与维护系统体系结构研究［J］. 信息与控制，2007，36（3）：357-363.

[31] Rob Callan, Brian Larder and John Sandiford. An integrated approach to the development of an intelligent prognostic health management system [C]. Big Sky, MT, United states: Inst. of Elec. and Elec. Eng. Computer Society, 2006.

[32] ZHANG S N, KANG R, HE X F, et al. China's efforts in prognostics and health management [J]. IEEE Transactions on Components and Packaging Technologies, 2008, 31 (2): 509-518.

[33] 陈振，贾晓亮．不确定条件下航空发动机大修周期预测方法［J］. 计算机集成制造系统，2017，24（2）：281-289.

[34] 陈津．传感器技术应用综述及发展探讨［J］. 科技创新导报，2011（10）：1.

[35] 胡诚，汪芸，王辉．无线可充电传感器网络中充电规划研究进展［J］. 软件学报，2016（1）：72-95.

[36] 童利标，徐科军，梅涛．网络化智能传感器技术应用研究综述［C］//全国第十四届计算机科学及其在仪器仪表中的应用学术交流会，2011：34-38.

[37] 庞策，黄树彩，刘锦昌，等．多传感器交叉提示技术在传感器联盟中的应用［J］. 西安

交通大学学报，2017（7）：148-155.
[38] 王晓明．数据通信及其应用前景综述［J］. 内蒙古科技与经济，2008（24）：148-169.
[39] 孙宁，秦洪懋，张利，等．基于多传感器信息融合的车辆目标识别方法［J］. 汽车工程，2017（11）：1310-1315.
[40] 赵海军，崔梦天，李明东．数据通信及其应用发展前景［J］. 长春师范学院学报，2007，26（4）：114-117.
[41] 王艳春．数据通信的历史、现状及展望［J］. 电脑知识与技术（学术交流），2007（11）：1272-1273.
[42] 张浩，张静静．无线传感器网络数据融合算法综述［J］. 软件，2017（12）：296-304.
[43] 任志玲，张广全，林冬．无线传感器网络应用综述［J］. 传感器与微系统，2018（3）：1-2，10.
[44] 杨国林，王飞，贺慧．基于数据挖掘的图书馆数据预处理方法研究［J］. 电子设计工程，2015，23（3）：26-29.
[45] 简荣坤，李冰冰，韩诚．智能传感器故障诊断系统数据预处理方法［J］. 传感器与微系统，2016（9）：27-29，32.
[46] 孔钦，叶长青，孙赟．大数据下数据预处理方法研究［J］. 计算机技术与发展，2018，28（5）：1-4.
[47] 彭高辉，王志良．数据挖掘中的数据预处理方法［J］. 华北水利水电学院学报，2008，29（6）：61-63.
[48] 陆利忠．测控系统中采样数据的预处理［J］. 测控技术，2010，19（8）：15-16.
[49] 王琳．机械设备故障诊断与监测的常用方法及其发展趋势［J］. 武汉工业大学学报，2000，22（3）：62-64.
[50] 廖静卿．油液分析在设备状态监测中的应用［J］. 润滑与密封，2005（4）：207-208.
[51] 龙泉，刘永前，杨勇平．状态监测与故障诊断在风电机组上的应用［J］. 现代电力，2008，25（6）：55-59.
[52] 陈仲生，杨拥民．机器状态监测与故障诊断综述［J］. 机电工程，2010，17（5）：1-3.
[53] 陈维荣，宋永华，孙锦鑫．电力系统设备状态监测的概念及现状［J］. 电网技术，2000，24（11）：12-17.
[54] 张优云，谢友柏．状态监测故障诊断与现代设计技术［J］. 中国机械工程，2007，8（5）：101-104.
[55] 李海娟，陶磊．大功率机械设备状态监测技术研究［J］. 佳木斯大学学报（自然科学版），2017，35（3）：368-369，392.
[56] FRANK P M. Analytical and qualitative model-based fault diagnosis-a survey and some new results［J］. European Journal of Control，2009，2（1）：6-28.
[57] 鄂加强．智能故障诊断及其应用［M］. 长沙：湖南大学出版社，2006.
[58] 闻竞竞，黄道．故障诊断方法综述［C］// 宁波：全国第18届计算机技术与应用（CACIS）学术会议，2007：1306-1310.
[59] 秦凯，边莉，张宁．基于智能方法的电机故障诊断技术综述［J］. 工业仪表与自动化装

置，2016（1）：19-22.
[60] 魏晓宾，马小平，李亚朋．故障诊断技术综述［J］．煤矿机电，2009（1）：17-21.
[61] 金晓航，孙毅，单继宏，等．风力发电机组故障诊断与预测技术研究综述［J］．仪器仪表学报，2017，38（5）：1041-1053.
[62] 魏霞，徐敏强，鹿卫国．故障诊断技术及应用综述［J］．热力透平，2008，33（4）：238-242.
[63] 安治永，李应红，苏长兵．航空电子设备故障诊断技术研究综述［J］．电光与控制，2010，13（3）：5-10，41.
[64] 陈昌斌．机械设备故障检测诊断技术概述［J］．中国水运（下半月），2011，9（2）：126-127.
[65] 张可，周东华，柴毅．复合故障诊断技术综述［J］．控制理论与应用，2015，32（9）：1143-1157.
[66] 王奉涛，马孝江，邹岩琨．智能故障诊断技术综述［J］．机床与液压，2003（4）：6-8.
[67] 王砚军，俞美，程鸿机．设备状态监测与故障诊断技术的基本原理与方法——油液分析技术（连载二）［J］．山东建材，2010（2）：28-29，31.
[68] 俞美，王砚军，程鸿机．设备状态监测与故障诊断技术的基本原理与方法——红外测温技术（连载三）［J］．山东建材，2010（3）：29-30.
[69] 王砚军，俞美，程鸿机，等．设备状态监测与故障诊断技术的基本原理与方法——声发射技术［J］．山东建材，2010（4）：18-19.
[70] 程鸿机，俞美，王砚军．设备状态监测与故障诊断技术的基本原理与方法（连载一）［J］．山东建材，2010（1）：17-19.
[71] GORRY G A，SCOTT MORTON M S. A framework for management information systems［J］. Sloan Management Review，1971，13（1）：55-70.
[72] KEEN P G W，SCOTT MORTON M S. Decision Support Systems：An Organizational Perspective［M］. MA：Addison-Wesley，Inc.，1978.
[73] 李文淼．决策支持系统发展综述［J］．电脑迷，2017（7）：168.
[74] 梁罗希，吴江．决策支持系统发展综述及展望［J］．计算机科学，2016，43（10）：27-32.
[75] 赵志升，张晓，宋晨晏．医学决策支持系统的发展现状与趋势分析［J］．医学与哲学（B），2015（1）：5-8，30.
[76] 尹春华，顾培亮．决策支持系统研究现状及发展趋势［J］．决策借鉴，2002，15（2）：41-45.
[77] 刘耀．论决策支持系统的应用现状和发展前景［J］．计算机与现代化，2010（2）：29-34，47.
[78] 王青海．决策支持系统发展趋势研究［J］．商场现代化，2011（7）：19-20.
[79] 宋喜莲，王鄂．决策支持系统综述［J］．黑龙江科技信息，2012（1）：50，96.
[80] 张震，刘芬．决策支持系统理论分析及方案研究［J］．苏州科技学院学报（自然科学版），2009，26（2）：38-43.

[81] 徐慧．信息系统集成技术与开发策略的研究［J］．苏州大学学报（自然科学版），2003，19（4）：39-46.

[82] 王忠群．管理信息系统的集成技术［J］．计算机应用，1998（6）：14-15.

[83] 王行刚．系统集成服务与系统集成技术［J］．计算机应用，1997（2）：1-2.

[84] 王萍萍，马素霞，林天华．信息系统集成技术研究［J］．中国电力教育，2007（S3）：300-302.

[85] 游红俊，郭庆平，张文萍，等．网络环境下信息系统集成技术研究［J］．计算机工程与应用，2002（19）：172-173.

[86] LEE J，WU F，ZHAO W，et al. Prognostics and health management design for rotary machinery systems reviews methodology and applications［J］. Mechanical Systems and Signal Processing，2014，42（1/2）：314-334.

[87] SUTHARSSAN T，STOYANOV S，BAILEY C，et al. Prognostic and health management for engineering systems：A review of the data-driven approach and algorithms［J］. The Journal of Engineering，2015，7（7）：215-222.

[88] DOU D，ZHOU S. Comparison of four direct classification methods for intelligent fault diagnosis of rotating machinery［J］. Applied Soft Computing，2016，46（9）：459-468.

[89] VIET T，JAEYOUNG K，ALI K S，et al. Bearing fault diagnosis under variable speed using convolutional neural networks and the stochastic diagonal levenberg-marquardt algorithm［J］. Sensors，2017，17（12）：1-16.

[90] 王前，于嘉成，宁永杰．基于 MFCC 与 PCA 的滚动轴承故障诊断［J］．组合机床与自动化加工技术，2017，17（12）：103-105.

[91] LI Y，XU M，WEI Y，et al. A new rolling bearing fault diagnosis method based on multiscale permutation entropy and improved support vector machine based binary tree［J］. Measurement，2018，102（3）：197-278.

[92] 夏裕彬，梁大开，郑国，等．基于耦合隐马尔可夫的轴承故障诊断方法［J］．振动、测试与诊断，2018，38（6）：1091-1095，1286.

[93] KEHENG Z，LIANG C，XIONG H. A multi-scale fuzzy measure entropy and infinite feature selection based approach for rolling bearing fault diagnosis［J］. Journal of Nondestructive Evaluation，2019，38（4）：90-103.

[94] 朱哈娜，刘慧明．基于改进 VMD 与 GS-SVM 的轴承故障诊断［J］．电子测量技术，2020，43（21）：71-76.

[95] 李益兵，马建波，江丽．基于 SFLA 改进卷积神经网络的滚动轴承故障诊断［J］．振动与冲击，2020，39（24）：187-193.

[96] 刘立，朱健成，韩光洁，等．基于 1D-CNN 联合特征提取的轴承健康监测与故障诊断［J］．软件学报，2021，32（8）：2379-2390.

[97] 陈功胜，唐向红，陆见光，等．基于 CNN-ETR 的滚动轴承故障诊断［J］．兵器装备工程学报，2021，42（6）：251-255，275.

[98] 王椿晶，王海瑞，关晓艳，等．基于 VMD 样本熵和 CS-ELM 的滚动轴承故障诊断［J］.

化工自动化及仪表，2021，48（5）：469-475，485.

[99] 刘会芸，侯志平．基于自动编码器数据降维的滚动轴承故障诊断研究［J］．现代制造工程，2022，28（1）：148-153，160.

[100] QIN B，LUO Q Y，LI Z X，et al. Data screening based on correlation energy fluctuation coefficient and deep learning for fault diagnosis of rolling bearings［J］. Energies，2022，15（7）：1-21.

[101] WANG B X，PAN H X，YANG W. Robust bearing degradation assessment method based on improved CVA［J］. IET Science，Measurement & Technology，2017，11（5）：637-645.

[102] 周建民，郭慧娟，张龙．基于非线性降维和模糊均值聚类的滚动轴承的性能退化在线评估方法［J］．机械设计与研究，2017，33（6）：86-89.

[103] LI Z，FANG H，HUANG M，et al. Data-driven bearing fault identification using improved hidden Markov model and self-organizing map［J］. Computers and Industrial Engineering，2018，116（2）：37-46.

[104] 胡姚刚，李辉，刘海涛，等．基于多类证据体方法的风电机组健康状态评估［J］．太阳能学报，2018，39（2）：331-341.

[105] 杨艳君，魏永合，王晶晶，等．基于 LMD 和 SVDD 的滚动轴承健康状态评估［J］．机械设计与制造，2019，31（5）：163-166，170.

[106] 尹爱军，王昱，戴宗贤，等．基于变分自编码器的轴承健康状态评估［J］．振动、测试与诊断，2020，40（5）：1011-1016，1030.

[107] 王昊，邱思琦，王丽亚．结合深度自编码与强化学习的轴承健康评估方法［J］．工业工程与管理，2021，26（3）：89-95.

[108] 胡启国，杜春超，罗棚．基于 t-SNE 和核马氏距离的滚动轴承健康状态评估［J］．组合机床与自动化加工技术，2021，15（8）：57-61.

[109] 王冉，周雁翔，胡雄，等．基于 EMD 多尺度威布尔分布与 HMM 的轴承性能退化评估方法［J］．振动与冲击，2022，41（3）：209-215.

[110] 廖爱华，吴义岚，丁亚琦．结合 PSO-OEWOA 和 MKSVDD 的轨道车辆轴承性能退化评估［J］．铁道科学与工程学报，2022，19（9）：2730-2738.

[111] ELWANY A，GEBRAEEL N Z，MAILLART L. Structured replacement policies for components systems with complex degradation processes and dedicated sensors［J］. Operations Research，2011，59（3）：684-695.

[112] FAN J，YUNG K，PECHT M. Lifetime estimation of high-power white LED using degradation-data-driven method［J］. IEEE Transactions on Device & Materials Reliability，2012，12（2）：470-477.

[113] WANG X，JIANG P，GUO B，et al. Real-time reliability evaluation based on damaged measurement degradation data［J］. Journal of Central South University，2012，19（11）：3162-3169.

[114] FACKLER C，XIANG N. Bayesian sampling for practical design of multilayer microperforated panel absorbers［J］. Journal of the Acoustical Society of America，2014，136（4）：2084.

[115] LI Z, MENSE A. Bayesian reliability modeling for pass/fail systems with sparse data [J]. Reliability & Maintainability Symposium. IEEE, 2015.

[116] 白灿，胡昌华，司小胜，等．随机冲击影响的非线性退化设备剩余寿命预测 [J]. 系统工程与电子技术，2018，40 (12)：2729-2735.

[117] KHATAB A, DIALLO C, AGHEZZAF E, et al. Integrated production quality and condition-based maintenance optimisation for a stochastically deteriorating manufacturing system [J]. International Journal of Production Research, 2019, 57 (8): 2480-2497.

[118] TIAN Y, DU W, MAKIS V. Improved cost-optimal Bayesian control chart based auto-correlated chemical process monitoring [J]. Chemical Engineering Research and Design, 2017, 123: 63-75.

[119] RUSTAMOV S, MUSTAFAYEV E, Clements M. Context analysis of customer requests using a hybrid adaptive neuro fuzzy inference system and hidden markov models in the natural language call routing problem [J]. Nephron Clinical Practice, 2018, 8 (1): 61-68.

[120] 董向锦．基于自适应模态分解的滚动轴承健康状态评估 [D]. 南京：南京理工大学，2021.

[121] 张锐．基于图信息和深度学习的滚动轴承健康管理研究 [D]. 太原：中北大学，2023.

[122] 易静姝．人工神经网络在滚动轴承故障诊断中的应用与发展 [J]. 价值工程，2019，38 (24)：274-276.

[123] 唐风敏．基于人工智能神经网络技术的汽车故障诊断 [J]. 汽车电器，2019 (11)：4-6，10.

[124] ABDENOUR S, KAMAL M, GUY C, et al. Prediction of bearing failures by the analysis of the time series [J]. Mechanical Systems and Signal Processing, 2020, 139: 106607.

[125] 郑波．基于 Gauss 核函数的 SVM 故障诊断技术研究 [J]. 中国民航飞行学院学报，2012，23 (5)：49-52.

[126] 张雨琦，邹金慧，马军．多退化变量灰色预测模型的滚动轴承剩余寿命预测 [J]. 探测与控制学报，2019，41 (3)：112-120.

[127] THADURI A, VERMA A, GOPIKA V, et al. Reliability prediction of semiconductor devices using modified physics of failure approach [J]. Int. J. Systems Assurance Engineering and Management, 2013, 4 (1): 33-47.

[128] 胡友涛，胡昌华，孔祥玉，等．基于 WSVR 和 FCM 聚类的实时寿命预测方法 [J]. 自动化学报，2012，38 (3)：331-340.

[129] HAO H, SU C, LI C. Real-time reliability evaluation based on independent increment process with random effect [J]. Quality Technology & Quantitative Management, 2017, 14 (3): 325-340.

[130] 韩佳佳，贾继德，梅检民，等．基于深度学习和 PSO-SVM 的柴油机多缸失火诊断 [J]. 军事交通学院学报，2018，20 (11)：26-31.

[131] GAO Y, WEN Y, WU J. A neural network-based joint prognostic model for data fusion and remaining useful life prediction [J]. IEEE Transactions on Neural Networks and Learning

Systems, 2021, 32 (1): 117-127.

[132] 李玲玲. 基于深度学习的滚动轴承故障诊断与寿命预测方法研究 [D]. 湖南: 湖南工业大学, 2022.

[133] XIAO X, LIU J, LIU D, et al. A normal behavior-based condition monitoring method for wind turbine main bearing using dual attention mechanism and Bi-LSTM [J]. Energies, 2022, 15 (22): 8462.

[134] 周德群, 贺峥光. 系统工程概论 [M]. 3版. 北京: 科学出版社, 2017.

[135] 张天瑞. 面向服务的全断面掘进机生命周期健康管理技术研究 [D]. 沈阳: 东北大学, 2014.

[136] 费胜巍. 复杂装备诊断维护关键技术研究 [D]. 南京: 南京理工大学, 2007.

[137] 张晓阳. 面向复杂系统生命周期的故障诊断技术研究 [D]. 南京: 南京理工大学, 2005.

[138] 黄双喜, 范玉顺, 徐志勇, 等. 集成化产品生命周期模型研究 [J]. 航空制造技术, 2003 (8): 26-32.

[139] 刘进军, 李自力, 郭道劝. 基于 PLM 的装备信息管理系统 [J]. 兵工自动化, 2009 (2): 76-80.

[140] 黄文虎. 设备故障诊断原理、技术及应用 [M]. 北京: 科学出版社, 1996.

[141] 钱志勤, 叶理平, 周晓梅. 设备故障诊断方法 [J]. 现代制造工程, 2004 (7): 105-107.

[142] 陈玉东, 施颂椒, 翁正新. 动态系统的故障诊断方法综述 [J]. 化工自动化及仪表, 2001, 28 (3): 1-14.

[143] 张立力, 陈佩云. 对健康评估课程中"健康评估"概念的商榷 [J]. 解放军护理杂志, 2003, 20 (9): 94-95.

[144] 刘亚. 数据驱动的滚动轴承故障诊断与健康状态评估 [D]. 济南: 山东大学, 2019: 9-13.

[145] ZHANG Y, TANG B, HAN Y, et al. Bearing performance degradation assessment based on time-frequency code features and SOM network [J]. Measurement Science and Technology, 2017, 28 (4): 045601.

[146] 刘永斌. 基于非线性信号分析的滚动轴承状态监测诊断研究 [D]. 合肥: 中国科学技术大学, 2011: 22-23.

[147] 王杰. 滚动轴承故障信号分析及诊断方法的研究 [D]. 成都: 西南交通大学, 2020: 11-12.

[148] 者娜. 基于大数据技术的滚动轴承故障诊断及剩余寿命预测方法研究 [D]. 北京: 北京化工大学, 2018: 25-30.

[149] 张学东. 大数据驱动的风力机故障预警方法研究 [D]. 乌鲁木齐: 新疆大学, 2019: 65-70.

[150] 张荣涛. 基于深度卷积神经网络模型和 XGBoost 算法的齿轮箱故障诊断研究 [J]. 机械强度, 2020, 42 (5): 1059-1066.

[151] 王秋秋 . Spark 环境下半参数支持向量机的研究与优化 [D]. 西安科技大学，2019：40-43.

[152] MOHIT J，VIJANDER S，ASHA R. A novel nature-inspired algorithm for optimization：Squirrel search algorithm [J]. Swarm and Evolutionary Computation，2018，44（27）：1-28.

[153] 辛宪会 . 支持向量机理论、算法与实现 [D]. 郑州：中国人民解放军信息工程大学，2005：14-20.

[154] 张钰，陈珺，王晓峰，等 . XGboost 在滚动轴承故障诊断中的应用 [J]. 噪声与振动控制，2017，37（4）：166-170，179.

[155] 钱力扬 . 基于随机森林和 XGBoost 的大型风力机故障诊断方法研究 [D]. 杭州：浙江大学，2018：59-65.

[156] The Case Western Reserve University. Bearing data center seeded fault test data [EB/OL]. [2021-12-27]. https：//engineering. case. edu/bearingdatacenter.

[157] Bearin Data Set in NASA Ame Prognostic Data Repository [EB/OL]. [2022-3-19]. http：//ti. arc. nasa. gov/project /prognostic-data-repository.

[158] YE T，WANG Z L，LU C. Self-adaptive bearing fault diagnosis based on permutation entropy and manifold-based dynamic time warping [J]. Mechanical Systems and Signal Processing，2019，114：658-673.

[159] 李祥 . 基于改进 LMD 和多尺度散布熵的滚动轴承损伤识别研究 [D]. 昆明理工大学，2020：25-35.

[160] DRAGOMIRETSKIY K，ZOSSO D. Variational mode decomposition [J]. IEEE Transactions on Signal Processing，2014，62（3）：531-544.

[161] 唐贵基，王晓龙 . IVMD 融合奇异值差分谱的滚动轴承早期故障诊断 [J]. 振动、测试与诊断，2016，36（4）：700-707.

[162] 刘甜甜，朱熀秋 . 基于改进 SPSO 算法优化 LS-SVM 的六极径向混合磁轴承转子位移自检测技术 [J]. 中国电机工程学报，2020，40（13）：4319-4329.

[163] CHEN W B，KUN F，ZUO J W. Radar emitter classification for large data set based on weighted-XGBoost [J]. IET Radar，Sonar & Navigation，2017，11（8）：1203-1207.

[164] 张萍，张文海，赵新贺，等 . WOA-VMD 算法在轴承故障诊断中的应用 [J]. 噪声与振动控制，2021，41（4）：86-93，275.

[165] 姜景升，崔嘉，王德吉，等. 基于 CEEMD _ BP 神经网络大数据轴承故障诊断 [J]. 设备管理与维修，2016（9）：100-103.

[166] 李明 . 强噪声背景下滚动轴承故障分类与健康状态评估 [D]. 郑州：华北水利水电大学，2022：52-55.